龟鳖
养殖实用技术

GUIBIE YANGZHI SHIYONG JISHU

王雪鹏　丁　雷　主编

中国科学技术出版社
·北　京·

图书在版编目（CIP）数据

龟鳖养殖实用技术 / 王雪鹏，丁雷主编 . —北京：
中国科学技术出版社，2019.1
ISBN 978-7-5046-7923-9

Ⅰ. ①龟… Ⅱ. ①王… ②丁… Ⅲ. ①龟科—淡水养殖 ②鳖—淡水养殖
Ⅳ. ① S966.5

中国版本图书馆 CIP 数据核字（2018）第 105399 号

策划编辑	王绍昱
责任编辑	王绍昱
装帧设计	中文天地
责任校对	焦　宁
责任印制	徐　飞

出　　版	中国科学技术出版社
发　　行	中国科学技术出版社发行部
地　　址	北京市海淀区中关村南大街16号
邮　　编	100081
发行电话	010-62173865
传　　真	010-62173081
网　　址	http://www.cspbooks.com.cn

开　　本	889mm×1194mm　1/32
字　　数	156千字
印　　张	6.25
版　　次	2019年1月第1版
印　　次	2019年1月第1次印刷
印　　刷	北京长宁印刷有限公司
书　　号	ISBN 978-7-5046-7923-9 / S·726
定　　价	25.00元

本书编委会

主 编

王雪鹏　丁 雷

副主编

郭 文　闫茂仓　宋憬愚

参编人员

Preface 前言

　　龟鳖类作为生物资源的一部分，长期以来一直被人们所利用，广泛用于科研、教育、文化、医药、食品等诸多领域。近年来，龟鳖类的国际贸易十分活跃，涉及的种类很多，从作为宠物的巴西龟、印度星龟及以龟板入药的乌龟、花龟，到用作食物的巨龟、鳄龟，有上百种之多，其中许多龟鳖种类已可人工繁殖。对龟鳖类进行保护，尤其是对其贸易进行控制已十分迫切。

　　全国各地，尤其中小城市，以龟为宠物（伴侣动物）进行繁育和饲养的人越来越多，市场的需求日益扩大。但很多人对龟的繁育、饲养及日常管理缺乏必要的知识，尤其对疾病的预防和治疗更是手足无措，常造成损失。

　　目前，我国市场上有 40 多种龟鳖，常见有巴西龟、鳄龟、花龟、星龟、缅甸陆龟等。为了满足养龟者的需求，笔者将多年养殖实践的经验贡献出来，以利于交流，互相切磋。本书可供相关专业科研人员及广大养龟爱好者阅读参考。

　　与广大爱龟者交朋友是生平最大快事，如有涉及本书或龟鳖养殖及疾病防治方面的任何问题，欢迎与我们联系。

编 写 者

Contents 目 录

第一章
龟类资源与养殖前景

一、龟的分类与分布

龟是动物界中古老而又特化的动物类群。全世界现存的龟都属脊索动物门、脊椎动物亚门、爬行纲、龟鳖目，该目下分2亚目（曲颈龟亚目、侧颈龟亚目）12科72属，约240种。中国的龟类都属曲颈龟亚目，共有5科18属30多种。

（一）平胸龟科

平胸龟属：主要包括平胸龟。

（二）龟科（淡水龟科）

乌龟属：主要包括乌龟（大头乌龟、黑颈乌龟）。

拟水龟属：主要包括黄喉拟水龟（艾氏拟水龟、腊戍拟水龟、广西拟水龟）。

眼斑龟属：主要包括眼斑龟、四眼斑龟（拟眼斑龟）。

闭壳龟属：主要包括金头闭壳龟、周氏闭壳龟、百色闭壳龟、云南闭壳龟、三线闭壳龟、安布闭壳龟、潘氏闭壳龟。

花龟属：主要包括中华花龟（缺颌花龟、菲氏花龟）。

盒龟属：主要包括黄缘盒龟、黄额盒龟。

锯缘摄龟属：主要包括锯缘摄龟。

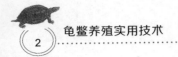

齿缘摄龟属：主要包括齿缘摄龟。

地龟属：主要包括地龟。

（三）陆 龟 科

四爪陆龟属：主要包括四爪陆龟。

凹甲陆龟属：主要包括凹甲陆龟。

缅甸陆龟属：主要包括缅甸陆龟。

（四）海 龟 科

海龟属：主要包括绿海龟。

丽龟属：主要包括太平洋丽龟。

玳瑁属：主要包括玳瑁。

蠵龟属：主要包括蠵龟。

（五）棱皮龟科

棱皮龟属：主要包括棱皮龟。

在我国，除青海、西藏、宁夏、内蒙古、山西、黑龙江、吉林外，其他省、直辖市、自治区都有龟自然分布。不过，这些龟主要分布于南方，长江以北地区较少。新疆只有四爪陆龟，辽宁也只有在夏秋季偶尔在海洋中看到海龟，河北、山东除海龟外，陆上仅有乌龟1种，数量极为稀少。在我国所有龟类中，乌龟、黄喉拟水龟和平胸龟分布最广，而金头闭壳龟、周氏闭壳龟、百色闭壳龟、缺颌花龟、菲氏花龟、拟眼斑水龟和四爪陆龟等仅分布于某一狭窄区域。

另外，随着市场经济的发展，各种各样的外国龟种被引入我国。这些龟在饲养、贩卖过程中有的逃脱，也有的被人就地放生，结果常有部分外国龟种在野外被发现，但这并不能说明其就产于被发现地区。

二、龟的价值

（一）营养价值

龟肉、龟卵营养丰富，味道鲜美。素有"龟身五花肉"之说，即是指龟肉含有牛、羊、猪、鸡、鱼等5种动物肉的营养和味道。现代研究表明，每100克龟肉含蛋白质16.5克、脂肪1.0克、糖类1.6克，并富含维生素A、维生素B_1、维生素B_2、脂肪酸、肌醇、钾、钠等人体所需的各种营养成分。在东亚和东南亚，自古以来就将龟作为高级滋补品和食疗佳品。以龟肉为主料烹饪的食品，已成为高档筵席上的佳味珍肴。

（二）药用价值

龟最大的价值是药用。远在东汉时期，我国第一本药物专著《神农本草经》，就对龟的药用作了详细记述。而在两千多年前战国时期《山海经》一书中已有食用龟的记载。明代著名药物学家李时珍认为，不仅陆龟能治病，海龟也能治病。他在《本草纲目》中写道："介虫三百六十，而龟为之长。龟，介虫之灵长者也""龟能通任脉，故取其甲以补心、补肾、补血，皆以养阴也"。还记载："玳瑁解毒清热之功同于犀角。古方不用，至宋时至宝丹始用之。"可见我国人民对龟的食用、药用历史悠久。现代研究表明：龟体中含有较多的特殊长寿因子和免疫活动物质，常食可增强人体免疫力，使人长寿。

龟肉味甘、咸平、性温，有强肾补心壮阳之功，主治痨瘵骨蒸、久咳、咯血、血痢、筋骨疼痛、病后阴虚血弱，尤其对小儿虚弱和产后体虚、脱肛、子宫下垂及性功能低下等有较好的疗效。

龟甲气腥、味咸、性寒，其主要成分为骨胶原、蛋白质、脂肪、钙、磷、肽类和多种酶以及多种人体必需微量元素，具有滋阴降火、潜阳退蒸、补肾健骨、养血补心等多种功效。另据研究，龟甲对防治肿瘤也有一定的作用。

龟板是龟的腹甲，又名龟甲、武元板、拖泥板、败将、神屋。《神农本草经》称之为"上品"。1985 年版《中华人民共和国药典》规定腹甲可入药。龟板的主体成分为动物胶、角质、蛋白质、脂肪、磷和钙盐等，含无机物（碳酸钙、磷酸钙）36.08％，蛋白质 36.14％，其他成分 17.78％，可滋阴壮阳、益肾健骨、凉血止血。

龟血可用于治疗脱肛、跌打损伤，与白糖冲酒服能治气管炎、干咳和哮喘。科学研究表明：龟血还有抑制肿瘤细胞的功能。

龟胆汁味苦、性寒。据《本草纲目》记载：龟胆汁可治痘后目肿，月经不开。现代医学研究还表明：金钱龟胆汁对肿瘤有一定的抑制作用。

龟骨主治久咳。

龟头可以治疗头昏、头痛等。

龟皮主治血疾及解药毒等，古时还用于治疗刀箭毒。

龟尿滴耳治聋；治成人中风、舌暗，小儿惊风不语，用龟尿少许点于舌下。

龟粪亦能治病，我国民间有用龟粪治疗发热和热性传染病等。

（三）观赏价值

龟鳖类动物具有很高的观赏价值，其中龟类的观赏价值高于鳖类。在我国古代历史上，龟被认为是有灵性的动物，是吉祥、长寿的象征，是古人放生观赏的对象。《本草纲目》中有一幅世界上最早的绿毛龟图。龟类具有奇特的外形、沉稳的动作、憨厚的性情，在目前的观赏宠物市场上较受青睐。比如淡水龟中较为名贵的三线闭壳龟，红棕色的背甲呈现"川"字形，具有很高的观赏价值，其橘红色的皮肤给人一种吉祥安康的视觉享受。其他如黄缘盒龟、黄喉拟水龟及眼斑水龟等龟类，都具有令人感觉愉悦的外表。以黄喉拟水龟、三线闭壳龟、眼斑水龟、平胸龟等为基龟，培育成绿毛龟，其身价可增值数倍甚至数十倍。在国内大型的宠物市场，一般都可见龟的踪影。由此可见，龟已经成为宠物市场前景广阔的种类。龟在日本也被当作长寿吉祥的象征，作为馈赠的礼品，长久以来一直享有盛誉。

（四）文化价值

龟在古人的眼里是神圣和伟大的。

许多古老的民族都有非常相似的神话传说，认为大地在水上漂浮，由某种神圣动物驮负着。这种驮负动物最常见的就是龟。

中国古代也有"鳌托大地"的传说（鳌，大龟也），载于《列子》《淮南子》等古籍。屈原的《天问》也涉及了这个神话母题，在此不一一列举原文。

龟在古代被赋予了驮地撑天的神力。古人在现实中也常常模仿这种神话意境。帝王将相的灵前，常有石龟驮负的高大墓碑，其意为赞誉死者功德通天达地、英名地久天长。

神龟负图也是中国古代广为流传的一个神话母题，所负之图称为龟书或洛书。《中侯握河记》云："龟书，洛出之也。"在这类神话传说中，龟实质上成了天人之间的沟通者，上天意志的代言人。

龟卜文化（用龟甲占卜）也是出于古人对龟的崇拜而产生的。龟卜一般是天子或诸侯决定重大事项的时候用的。《殷墟书契考释》中载："凡卜祀者用龟，卜它事者以骨。"

由于龟在古人心目中是"介中灵物"，所以人们的审美和价值取向便趋于重龟崇龟，形成了以龟为贵、以龟为用之风，甚至把龟视为国宝。《尚书》云："宁王遗我大宝龟。"古人还把龟、玉相提并论："铣曰：龟玉，为国宝也。"在唐代，龟形佩物是官员地位高低的象征。《唐书》记载："天授二年，改佩鱼皆佩龟"，唐初官员皆佩鱼，后改佩龟，用金龟、银龟和铜龟区别官品。

龟被神话以后，其长寿的自然属性便升华为一种文化品格，龟因此成了中国人的生命图腾。人们借龟之名，效龟之行，以追求长寿。古代以龟为名者很多，如汉代五原太守陈龟、唐代音乐家李龟年、文学家陆龟蒙、宰相崔龟从、工部尚书李龟，宋代进士苏总龟等。宋代诗人陆游曾以龟壳制冠，并自书室名为"龟堂"。

（五）科研价值

龟最显著的特点是生命周期长。根据专家分析，寿命最长的龟年龄达1 000岁。通常采用以下两种方式计算和判断龟龄：一是依据龟的重量推算。同等重量的龟，野生龟的年龄是人工养殖龟的4倍，生长在北方的龟是南方的2倍。二是通过观察龟壳推算。在龟背盾片上具有树轮圈状，每年冬季停止生长就呈一个圈。

龟类（主要是指海龟）还具有导向功能，像信鸽一样，能够定时定点做长距离生殖、生长洄游，让人惊奇不已。

三、龟类养殖的发展前景与注意问题

（一）龟类养殖的发展前景

龟类因其自身的药用、食用、观赏价值，过去被大量捕捉、贩运和买卖，随着野生龟资源日益稀少，人们将视线转移到龟类人工养殖上，龟类人工养殖的地位和作用凸显出来。

人们积极发展龟类人工养殖，其中一个主要原因是看到其能带来丰厚的投资回报。龟类极具商业投资价值：一是品质优良，具有食用药用保健价值；二是数量稀少，许多品种处于珍稀、濒危状态；三是可再生性，即成功实现人工繁殖，具有实现扩大再生产的客观条件。发展龟类人工养殖，投资灵活，成本较低，占用空间小，饲养机动，管理方便，可规模养殖，也适合家庭阳台、天台或庭院养殖，无论是从事种龟培育、龟苗繁育还是商品龟养成，只要尽心尽力就一定能够取得收获。

（二）龟类养殖应注意问题

1. 注意养殖规模

应根据各地的实际情况，以市场为导向，发展适度规模养殖。

2. 注意品种选择与繁育工作

龟的品种选择应建立在效益的基础上，其目标必须是生长快、饵料系数低、抗病力强、繁殖快、外形美观、营养价值高、药用功能强等。在繁育技术方面，要努力提高产卵率、受精率、孵化率以及稚、幼龟的成活率等。

3. 开展快速养殖

龟类是变温动物，外界环境的温度下降到一定值时，即进入冬眠期。因此，龟一年中实际生长的时间较短，年增重较慢，就乌龟而言，一般年增重只有几十克，要达到商品规格需要4～5年。而在快速养殖条件下，由于采取了加温、控温措施，消除了龟的冬眠期，使其能长期摄食、生长，因而生长较快，年增重较大。据养殖实践，在水温30℃左右的条件下，乌龟稚龟经1年饲养，体重能达到250～300克，这样缩短了养殖周期，经济效益得到显著提高。

4. 搞好龟类产品深加工开发

搞好龟类产品深加工开发，不仅能增加产品附加值，而且能拓宽流通渠道，增强出口创汇能力，从而保持我国养龟业的不断发展。

第二章
常见龟类养殖技术

一、乌龟（泥龟）

[概　述]

　　乌龟（*Chincmys reevesii*），别称金龟、草龟、泥龟和山龟等。在动物分类学上隶属于爬行纲、龟鳖目、龟科、乌龟属，是常见的龟鳖目动物之一，是古老的爬行动物。特征为身上长有非常坚固的甲壳，受袭击时可以把头、尾及四肢缩回龟壳内。乌龟属杂食性，以蠕虫、螺类、虾及小鱼等为食，亦食植物的茎叶。中国大部分地区有乌龟分布，但以长江中下游各省的产量较高，广西、山东各地也都有出产，尤以广西东南及南部等地数量较多。国外主要分布于日本、巴西和朝鲜。

[生物学特性]

1. 外部形态

　　雄性背甲长 94～168 毫米，宽 63.2～105 毫米；雌性背甲长 73.1～170 毫米，宽 52～116.5 毫米。头中等大小，头宽约为背甲宽的 1/4～1/3；头顶前部平滑，后部被以多边形的细粒状小鳞；头部橄榄色或黑褐色；头侧及咽喉部有暗色镶边的黄纹及黄斑，并向后延伸至颈部，雄性不明显。四肢灰褐色。吻短，端部略微超出下颚，并向内侧下方斜切；上喙边缘平直或中间部微凹；鼓膜明显。背甲较平扁。有3条纵棱，雄性成体棱弱。颈盾小，略呈梯形，后缘较宽；椎盾5枚，第一枚五边形，长宽相等或长略大于宽，第二至第四枚六边形，宽大于长；肋盾4枚，较之相邻椎盾略宽或等宽；缘盾11对；臀盾1对，呈矩形。背甲盾片常有分裂或畸形，致使盾片数超过正常数目。腹甲与背甲以骨缝连接，甲桥弱。有较发达的腋柱和胯柱，向上伸达肋板外缘；肱胸盾缝横切于内腹板后部四分之一或更少。生活时，背甲棕褐色，雄性几近黑色。腹甲及甲桥棕黄色，雄性色深。每一盾片均有黑褐色大斑块，有时腹甲几乎全被黑褐色斑块所占，仅在缝线处呈现棕黄色。甲桥明显，具腋盾和胯盾，腋盾的大小变异殊大。腹甲平坦，几与背甲等长，前缘平截，略向上翘，后缘缺刻较深，前宽后窄；雄性腹甲的后中部略凹；喉盾近三角形；肱盾外缘较长，似呈楔形；腹盾缝＞股盾缝＞胸盾缝＞喉盾缝＞肛盾缝＞肱盾缝。四肢略扁平。前臂及掌跖部有横列大鳞；指（趾）间均为全蹼，具爪，尾较短小。雄龟有异臭。

2. 生活习性

乌龟属半水栖、半陆栖性爬行动物。主要栖息于江河、湖泊、水库、池塘及其他水域。白天多隐居水中，夏日炎热时，便成群地寻找阴凉处。性情温和，相互间无咬斗。遇到敌害或受惊吓时，便把头、四肢和尾缩入壳内。

乌龟为变温动物。水温降到10℃以下时，即静卧水底淤泥或有覆盖物的松土中冬眠。冬眠期一般从11月到翌年4月初，当水温上升到15℃时，出穴活动，水温18～20℃开始摄食。

3. 摄食习性

乌龟是杂食性动物，以动物性的昆虫、蠕虫、小鱼、虾、螺、蚌，植物性的嫩叶、浮萍、瓜皮、麦粒、稻谷、杂草种子等为食。耐饥饿能力强，数月不食也不致饿死。

乌龟的生活与气候关系密切，每年4月初开始摄食；6～8

月摄食活动达最高峰，增重速度最快；至 10 月气温逐渐下降后其摄食量开始下降，当气温降到 10℃以下时，则停止摄食，进入冬眠期。

4. 年龄与生长

随大自然的周期性变换，乌龟有明显的生长期和冬眠期，生长期背甲盾片和身体一样生长，形成疏松较宽的同心环纹圈，冬眠期乌龟进入蛰伏状态，停止生长，背甲盾片也几乎停止生长，形成的同心环纹圈狭窄紧密。其与树木的年轮相似，当经历一个停止发育的冬天，就出现一个年轮。依此可以判断乌龟的年龄，即盾片上的同心环纹多少，然后加 1（破壳出生为一个环纹），等于龟的实际年龄。龟的年轮在 10 龄前较为清晰，在稚龟出生不久，其背壳中央的盾片外坚皮肤上就看到一些放射状纹，并无圆轮状，有几个轮圈的龟背甲纹，就是龟龄几岁，年龄愈长愈难用肉眼辨认，因此这种方法只有龟背甲同心环纹清楚时，方能计算比较准确，对于年老龟或同心环纹模糊不清的龟，只能估算它的大概年龄。

依据龟的重量可推算龟龄，人工养殖除外，野生的龟每 500克重的龟龄，在我国南方约 20 年，北方约 40 年。

5. 繁　殖

乌龟一般要到 8 龄以上性腺才成熟，10 龄以上成熟良好。乌龟的交配时间开始于 4 月下旬，时间一般是下午至黄昏，在陆地上或水中进行交配。乌龟在陆地上产卵，产卵期是 5～9月，产卵高峰期在 7～8 月。产卵前，乌龟多在黄昏或黎明前爬至远离岸边较隐蔽和土壤较疏松的地方（土壤的含水量为 5%～20%），以后肢交替挖土成穴（一般穴深 10 厘米左右，口径 8～12 厘米），然后将卵产于穴中，产完卵再扒土覆盖于卵上，并用腹甲将土压平后才离去。乌龟没有守穴护卵的习性。它的另一个生殖特点是，卵子的成熟不是同步的。所以雌龟每年产卵 3～4次，每次每穴产卵 5～7 枚。

[养殖场地与设施]

1. 养殖场地选择

养龟场要尽可能选择环境安静、光照充足、交通方便且有电力供应的地方，以满足龟的生活需要，便于物资运输和饵料加工。

养龟场要求水源充足、水质良好。一般可以河流、湖泊、水库、池塘和地下水作为水源。但无论是哪种水源，水温都要适宜（水温过低需建蓄水池），水质要良好（无工农业污染，符合渔业水质标准要求）。选择场址时，最好取水样送水质监测部门化验，在水质合格的区域修建龟池。龟场所在区域水量要充足，水量应满足全场各池每天换水 1 次的要求。

养龟场的土质要适宜，以黏土和壤土为好，如土质渗漏严重，建场时要做好防渗处理。

养龟场要有充足的饵料供应条件，附近最好有畜禽屠宰场，或有较多的小鱼、虾、螺、蚌等天然饵料，以便于就地取材，降低生产成本。

2. 养龟场设计

龟的生长发育分为几个不同的时期。通常把刚孵出的龟称为稚龟；稚龟经过冬眠，于第二年春天苏醒后，称为幼龟，一般 1～3 冬龄的龟均为幼龟；3 冬龄以上的龟称为成龟；产卵繁殖的龟称为亲龟。不同年龄、不同规格的龟应分池饲养。人工养殖时，可分别建造稚龟池、幼龟池、成龟池和亲龟池。

（1）**防逃设施**　龟善攀缘、易逃，养龟场必须有良好的防逃设施。养龟池防逃墙的高低，依池内养龟个体的大小决定，一般 30 厘米高即可。防逃墙的顶部一定要出檐。出檐的宽度以向池内伸出 10～15 厘米为宜。如果防逃墙四壁光滑，垂直高出龟的活动场地 30 厘米，也可不出檐，但在池子四角应镶嵌一块三角水泥板或将池角砌成钝角。

养龟池的进水口和出水口也应安装防逃装置。一般可使进水口上面的池壁垂直高于池塘水面30厘米，同时将进水槽口伸入池内20厘米，以防龟在进水时逃跑。养龟池排水时，可在出水管上套上防逃筒。防逃筒用钢管焊成，根据龟的大小钻上若干个排水孔，使用时套在排水闸上并安装竹栅栏或渔网。

（2）**饵料台**　饵料台是供龟"四定"觅食的地方。一般设在龟池的两长边。其材料可用3米×0.5米的水泥预制板或杉木板搭设。按30°的坡度一端浸没在水下10～15厘米，另一端露出水面。饲料投放在水面与水下交界的地方。饲料台上方最好设遮阳棚架，防止日晒雨淋引起饲料变质。

（3）**排灌系统**　一个良好的养龟场不但要有优质、丰富的水源，而且要有完善的排灌系统。龟喜洁怕脏，而投喂的高蛋白饲料极易污染水质，所以经常要换水。其排灌系统，可按"高进、低排、排灌分家"的模式设置。排灌渠道（管道）尽量截弯取直，做到水流畅通无阻。排灌渠道的大小根据龟场的用水量设置。排水渠要考虑到防洪时的排水需要。水源充足、水位高的龟场可实行自然排灌。不能实行自然排灌的，可建泵站。有的龟场建高压水塔，用管道将水分流到各龟池。总之，排灌系统是养龟场不可缺少的设施，应因地制宜于以配套。

（4）**休息及晒背场所**　龟是水陆两栖的变温动物。性喜温暖，风雨天居于水中。温暖无风的晴天，龟感到安全时，便爬到岸边晒太阳，俗称"晒背"。有时水面温度高于水底温度时，龟也常浮在静静的水面上晒背。这种晒背习性在稚幼龟阶段更为突出。一般每天需进行2～3小时的晒背。晒背有助于提高体温，加强体内血液循环，加快吸收，并能起到消毒洁肤的作用，使细菌、体外寄生虫等无法生存，还可促使皮肤增厚和变硬。因此，在建造龟池时一定要预留休息及晒背场。

3. 龟池建造

成龟池一般建于室外，有土池和水泥池2种。

水泥池面积50～120米^2，池深1.2～1.5米，水深0.8～1

米，底铺软泥 20～30 厘米厚，饵料台设在池南端，长度占池长的 80%。

土池面积 500～1 000 米^2，池深 1.5～2 米，底铺 20～30 厘米厚的软泥。

[人工繁殖]

1. 选 种

人工繁殖乌龟时，在交配期之前，首先要选好种。乌龟一般要到 8 龄以上性腺才成熟，10 龄以上成熟良好。最好选 250 克以上的雌亲龟，因为其性腺发育已经成熟，卵巢呈橙黄色，略带灰色，可以交配产卵。

2. 雌雄鉴别

总体来说对于常见的龟，无论水龟还是陆龟，从体形上通常可以通过以下性别特征来鉴定其性别。

雌性龟：背甲较短且宽，腹甲平坦中央无凹陷，尾细且短，尾基部细，泄殖孔距腹甲后缘较近，腹甲的 2 块肛盾形成的缺刻较浅，缺刻角度较大。

雄性龟：背甲较长且窄，腹甲中央略微向内陷，尾粗且长，尾基部粗，泄殖孔距腹甲后缘较远，腹甲的 2 块肛盾形成的缺刻较深，缺刻角度较小。

对于大多数种类的同年的成年龟，雄龟体形较薄而小；雌龟体形圆厚且大。

此外，对于成熟个体还可以通过以下方法进行雌雄鉴别：将龟的腹甲朝上，用左手食指、中指分别将龟的前肢、头压迫缩入壳内，右手将龟尾摆直，若泄殖腔孔内有黑色的阴茎伸出，则为雄性；若泄殖腔孔排出泡泡或稀黏液，则为雌性。

3. 种龟池建设

种龟池建于室外，土池、水泥池均可。池底由北向南下倾 20°，分三部分，靠北墙的最高处为产卵场，下铺细沙，上用塑料薄膜或油毡布作顶棚,用以遮阳及挡雨水;产卵场往北为投饵及活动场;再往北为水池,水深30厘米。活动场可种植些花草等植物。水池可放养水浮莲,约占池水面积的1/4～1/3。

4. 产　卵

挑选出性已成熟的乌龟,精心饲养,供应足够的养料,尤其应多喂一些富含蛋白质的饲料,以利于乌龟产生优良的生殖细胞;其次,在乌龟的交配期,将已达性成熟且体质健壮的雌雄乌龟按1:1的比例混合饲养于种龟池(产卵池)内,让其自然交配。在乌龟的产卵期,要注意保持饲养池的安静以及水池外空地上沙土的适宜湿度,以便于雌龟顺利产卵。最后应随时收集龟卵,进行人工孵化,以便获得较高的繁殖率,提高经济效益。

雌性成龟不论交配成功与否都要产卵。产卵期各地有所不同,平原水域地带一般5月底开始产卵,7～8月为产卵的高峰期,9月产卵结束。雌龟一年可产3～4批,每批一穴,每穴3～7个。在人工饲养的条件下,乌龟往往有集群产卵的习性,有时能有几只雌龟在同一穴中产卵几十枚。

5. 采　卵

雄龟喜欢在草丛、树根下聚集,并掘土成穴产卵,故可根据穴位土质的松软或留下的足迹爪痕等找到乌龟的产卵穴,采得龟卵。因乌龟多在黄昏或黎明前产卵,为避免烈日曝晒造成龟卵损坏,采卵时间最好是早晨。

6. 孵　化

乌龟卵的孵化有自然孵化和人工孵化2种。

(1)自然孵化　有2种方法。

其一:在亲龟池向阳的墙脚下挖20～40厘米宽、20厘米深、长度不限的沙坑,然后用黄沙将坑填平,将龟卵按1厘米的距离排在沙土里,保持一定的湿度,由太阳照晒增温,50～60天即出稚龟。

其二:在亲龟池周围堆若干个小沙堆,让成熟的种龟夜间爬上岸，在沙堆处挖穴产卵，任其自然孵化，50～70天即出幼龟。

（2）人工孵化　人工孵化应选取已受精的新鲜优质卵。卵受精与否的标志是，受精卵大小均匀，卵壳光滑不粘土；而未受精卵则大小不一，壳易碎或有凹陷，并粘有泥沙。检查卵是否新鲜优质，可以将卵对着阳光观察，卵内部红润者为好卵，卵内部浑浊或有腥臭味者则为坏卵。此外，不宜选用畸形卵。

将采回的龟卵放在高25厘米、长度不限、宽度因地制宜的木箱中，箱底钻若干个小孔，底铺15～20厘米厚的沙，将龟卵排在沙中，再向卵上撒放2厘米左右厚的细沙，上盖湿毛巾，保持室内温度25～35℃。空气干燥的晴天，每天向沙上洒水1～2次，空气湿度较大时，可减少洒水次数。箱上盖好湿布，在稚龟出壳时，可防稚龟逃跑，同时防敌害侵袭及蚊虫叮咬。这样50～60天稚龟可出壳，出龟率达90%以上。

[稚幼龟饲养]

刚出壳的稚龟体质较弱，消化能力也弱，故不宜马上放养于饲养池中，而应先单独精心喂养和护理一段时期，以提高成活率。

稚龟的喂养和护理原则是：搞好清洁卫生，以防止乌龟患病；控制适宜温度和湿度，以利其正常生长；培养稚龟逐渐适应外界环境，自行摄食。

具体做法：将刚出壳的稚龟先放在一个小型玻璃箱内，让其爬行3～5小时，待稚龟脐带干脱收敛后，以0.9%生理盐水浸洗片刻，进行消毒，然后放入室内玻璃箱或木盆中饲养。切忌用人工强力拉断稚龟的脐带，这样会造成稚龟伤亡。稚龟饲养箱每天换水1～2次，水温严格控制在25～30℃，天气炎热时还需多次向饲养箱内喷水，以调节温度并增加水中的氧气，使稚龟得以在适宜的条件下正常生长。对刚孵出1～2天的稚龟不需投食，2天后才开始喂少量谷类饲料，之后再投喂少量煮熟的鸡蛋和研

碎的鱼虾、青蛙肉、南瓜、甘薯等混合的饲料。经过 7 天的饲养，稚龟体质已较强壮，便可将其转入室外饲养池饲养。

[成龟饲养]

乌龟的活动与气候关系密切，每年 4 月初开始摄食；6～8 月摄食活动达最高峰，增重速度最快；至 10 月气温逐渐下降后其采食量开始下降，当气温降到 10℃ 以下时，则停止摄食，进入冬眠期。所以喂食时应根据乌龟的生长特点来进行，一般要求做到"四定"：

定时：春季和秋季气温较低，乌龟早晚不大活动，只在中午前后摄食，故宜在上午 8～9 时投喂饲料。从谷雨到秋分是乌龟摄食旺季，时值盛暑期，乌龟一般中午不活动，而多在 17～19 时活动觅食，故投食以在 16～17 时为宜。定时可使乌龟按时取食，获取较多的营养，还可保证饲料新鲜。

定位：沿着水池岸边分段定位设置固定的投料点，目的是让乌龟养成习惯，方便其找到食物，同时便于观察乌龟的活动和摄食情况。食台要紧贴水面，便于乌龟咽水采食。

定质：投喂的饲料应该保持新鲜，喂食过后，及时清除剩残食物，以防饲料腐烂发臭，影响乌龟的食欲和污染水质。

定量：饲料的投喂量视气温、水质、乌龟的食欲及活动情况而定，以当餐稍有剩余为宜。一般每隔 1～2 天投食 1 次。

二、金 钱 龟

[概 述]

金钱龟，学名为三线闭壳龟（*Cuoratrifasciota*），又称红边龟、金头龟、红肚龟，是传统的中药材，在动物分类学上隶属于爬行纲、龟鳖目、龟科。

在我国，金钱龟主要分布于广东、广西、福建、海南、香港、澳门等地；在国外，主要分布于越南等亚热带国家和地区。金钱龟喜欢选择荫蔽的地方栖息，有群居的习性。金钱龟属于杂食性。在自然界中主要捕食水中的螺、鱼、虾、蝌蚪等水生动物，同时也采食幼鼠、幼蛙、金龟子、蜗牛及蝇蛆，有时也采食南瓜、香蕉及植物嫩茎叶。

[生物学特性]

1. 外部形态

金钱龟头部光滑无鳞，鼓膜明显而圆；颈角板狭长，椎角板第一块为五角形，第五块呈扇形，余下 3 块呈三角形，肋角板每侧 4 块，缘角板每侧 11 块；背甲棕色，具有 3 条明显隆起的黑色纵线，以中间的一条隆起最为明显和最长，故又被称为川字背龟；腹甲黑色，其边缘角板带黄色；背甲与腹甲两侧以韧带相连，板（腹甲）为横断，腹甲在胸、腹角板间亦以横贯的韧带相连，故也称断板龟；指（趾）间具蹼；尾短而尖。背甲边缘周围坚皮呈金橘黄色，所以又叫红边龟。

雌性的龟背甲较宽，尾细且短，尾基部细，肛门距腹甲后缘较近，腹甲的 2 块肛盾形成的缺刻较浅。通常雌性个体会比雄性大。雄性的龟背甲较窄，尾粗且长，尾基部粗，肛门距腹甲后缘较远，腹甲的 2 块肛盾形成的缺刻较深。

野生的金钱龟背甲的每块盾片上有清晰、密集的同心环纹，称为生长年轮。每条环纹代表 1 年。而人工饲养金钱龟的同心环纹却较模糊、稀疏，每条环纹间的距离较大。

2. 生活习性

金钱龟属于杂食性。喜栖息在水域附近的山冈石穴或泥穴中，受惊后潜入水底，常到山溪或潮湿地觅食各种水生动物。在自然界中主要捕食水中的螺、鱼、虾、蝌蚪等水生动物，同时也食幼鼠、小鱼、虾、螺类、幼蛙、金龟子、蚯蚓、蜗牛及蝇蛆，

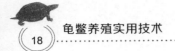
有时也食南瓜、香蕉及植物嫩茎叶、种子。在人工饲养条件下，喜食动物内脏、蚯蚓、瘦肉、小鱼及混合饲料。

金钱龟是变温动物，生长温度在24～32℃之间，当水温在28℃时，在水中约20分钟就要上浮呼吸1次；水温在25℃时，约26分钟上浮呼吸1次；水温在12℃以下，即进入冬眠状态。

每年4月气温逐步回升，开始活动；5～10月气温升高，活动范围扩大，食量增大，尤以7～9月增重最快；11月后当气温下降到15℃以下时，活动减少，逐步进入冬眠状态，身居穴内，不食不动，一直持续到翌年3月。

3. 生长繁殖

金钱龟生长缓慢，一般要6龄以上性腺才成熟，开始交配。成熟的金钱龟在5～10月频繁活动摄食；秋季（9～10月）的凌晨或者傍晚，气温为20～25℃左右时开始交配。翌年6月水温上升到25℃左右时，雌龟才开始产卵，产卵一直持续到7月底或8月初才结束，全期共产卵3～4次，每次产3～4枚卵。

产卵前，雌龟会选择土质松软的浅滩沙堆或在树草根下挖土成穴，然后产卵于穴中，再用沙土盖穴，用身体压平实后才离去。在自然条件下，金钱龟卵的孵化易受外界自然条件如气候、光照、天敌等因素的影响，故孵化时间较长且孵化率较低。

［养殖设施］

1. 养殖方式

金钱龟有池养、缸养、木盆养和水库池塘等多种方式，对一般专业户和小规模养殖场，以建池养殖为好。

2. 养殖池选择

池子以紧靠河边、水质清新、排灌方便、泥沙松软、背风向阳、不易被污染、僻静而有遮阴的地方为好。墙壁光滑，并且在池子的进出口处设置铁丝网以防金钱龟逃跑。池可建成锅底形，也可建成小岛形。建成锅底形的，四周要形成一个向内倾斜的浅滩，以便龟从水上爬上岸。浅滩上堆集若干沙堆，供龟产卵、孵化。池中央水深保持在 0.6 米以上，并投放少量水浮莲、假水仙，供龟隐蔽和避暑之用；建成小岛形的，在池子中央建一小岛，小岛以及水池外围的陆地伸向水池的地方要有一定的坡度。池中栽种一些植物遮阴，利于夏季降温防暑。养殖池按每平方米 5～10 只幼龟、3～5 只成龟的放养密度放养。

3. 常温养殖

亲龟池 1 亩（1 亩＝667 米^2）可放养亲龟 500 只（其中雌龟 400 只）。

稚龟池 30 米^2（3 米^2×10 个）可养稚龟 3 000～4 000 只。

幼龟池 200 米^2（50 米^2×4 个）可养幼龟 4 000 只。

成龟 5 亩（1 亩×5 个）可养成龟 5 000 只。

龟卵孵化及饲料加工场地等 50 米^2。在常温下成龟生长速度为每年增重约 100 克。理论上养殖成龟 5 000 只年产龟可达 500 千克，但是由于在自然温度条件下生长季节短，须经过一个冬天的冬眠，从孵出到长成商品规格（300～400 克）需 5～6 年，养殖周期长，要达到持续生产，需占用较多面积的成龟池周转，饵料耗用多，病害发生率高，成活率低，投资回收时间长，而不能根据市场需求及时调整生产规模，是常温养龟的弊病。

4. 加温养殖

场地要求亲龟池面积 1 亩，放养亲龟 500 只；温室内稚龟池 15 米^2（3 米^2×5 个）；温室内幼龟池 40 米^2（20 米^2×2 个）；温室内成龟池 100～200 米^2（20～50 米^2×4 个）；露天成龟池 1 个，600～1 200 米^2，屯养商品龟。

另需准备 0.2 吨蒸气锅炉 1 台，充气增氧设备 1 套，孵化饵料用房 40 米^2。

尽量采用地下水来补充养殖水，有地热资源地方可不用锅炉等加热设备。加温快速养龟虽然投资大、生产成本高，但是能提高龟的生长速度，从稚龟长成到商品龟规格，仅需

12～14个月，生产周期大大缩缩短，投资回收快，效益高，在人工控制下进行集约化养殖，生产场地占用少，相同产量的规模仅需自然养殖的1/3～1/4面积就可达到。在人工控制下对于病害能及时防治，成活率高于自然养殖。由于加温养殖的生产成本远低于市场价格，因此发展加温快速养龟还是具有吸引力的。龟池的修建一般分别建成配套的亲龟池、稚龟池、幼龟池和成龟池。

［人工繁殖］

1. 亲龟的选择

亲龟有野生和人工饲养2个来源。野生的金钱龟生长速度慢，而人工饲养的龟生长速度快。用于人工繁殖的亲龟最好选择野生龟，在产卵前收购的龟当年即可产卵。若选择人工饲养的龟，在选龟时，不能仅以龟的个体重为准，而应以龟的年龄为主，龟的个体重只作为辅助条件。健康的龟外形匀称，身体肥壮，眼睛有神，牵拉四肢感觉非常有力，无断尾现象。另外，雌、雄龟的投放比例以2∶1为好（雌雄鉴别同乌龟）。如雄龟过多，交配季节易引起雄龟之间的争斗，严重时双方均咬伤。如雄龟较少，将影响受精率。

2. 人工孵化

在金钱龟的产卵期，随时收集金钱龟卵，并挑选出新鲜、非畸形已受精的优质卵进行孵化。孵化时，用木盆或木箱作孵化器。先在盆底或箱底铺上湿度以手捏可成团的细沙3～4厘米厚，再把卵放在沙上（注意卵较大的一端向上），之后铺沙，直至完全覆盖龟卵约2厘米厚时为止，然后把挑选出的龟卵逐个埋入2～3厘米深的细沙中，上盖湿毛巾，再将孵化箱放在通风处。孵化期间每天向孵化箱中洒水1～2次，要求空气相对湿度保持在80%，温度保持在25～30℃，经50～60天便可孵出稚龟。

［养殖技术］

1. 稚龟饲养

刚出壳的稚龟仍带着一个卵黄囊，在 2～3 天之内，稚龟的营养由卵黄囊供给，所以不需给稚龟投喂饲料。稚龟适应力和抗病力都较弱，要特别注意护理和搞好清洁卫生，用 0.9% 生理盐水浸洗稚龟片刻，进行消毒，以利稚龟生长发育，防止染病。然后放入室内铺有潮湿细沙的饲养箱中。2～3 天后，再喂以小鱼、虾、蚯蚓及少许米饭和蔬菜等。饲养 1 周左右，将已能适应环境、身体健壮的稚龟移入室外饲养池饲养，而对身体较弱的稚龟仍要继续单独护理，加强饲养。

2. 室内养殖

金钱龟饲养池建于室内，一般为长方形水泥池，面积为 1～10 米^2，池壁高 1 米，以防金钱龟逃逸。池底和池壁内面润滑，池底的一端底面（2/3）成 15° 的倾斜，深端蓄水深度 35 厘米左右，并装置排水口。在池内无规则地放置一些遮蔽物，以模仿户外的自然环境。放养金钱龟前，用浓度为 100 克 / 米^3 的漂白粉水溶液彻底消毒饲养池 12 小时，然后把药液排出池外，并用清水冲刷洗净饲养池内的残留药液。

挑选人工繁殖并经过培养的体重均匀在 30 克以上、健康、反应快、体质好的金钱龟幼龟，放养密度为 3～8 只 / 米^2。同一饲养池需求放养规格相同的幼龟，且一次放足，同池饲养至成龟上市。

饲养金钱龟的饲料分为动物性饲料和植物性饲料两大类，动物性饲料选用瘦猪肉、动物内脏、鱼、虾、贝肉等，植物性饲料挑选香蕉（去皮）和苹果等。投喂以动物性饲料为主，两类饲料穿插应用，植物性饲料的投喂次数约为动物性饲料投喂次数的1/7。从调查检察金钱龟的吃食状况可知，金钱龟最喜食动物性饲料的瘦猪肉和植物性饲料的香蕉。投喂时要将饲料切碎，室内气温在25℃以下和30℃以上时,每天上午9时和下午6时分别投喂1次。日投喂量占金钱龟体重的5%,要根据实际吃食状况随时调整,每次投喂量以投喂后1小时内吃完为度。投喂1.5小时后铲除残饵,清洗饲料台。

金钱龟饲养可挑选洁净的江河水、水库水、井水、自来水为水源,井水和自来水最好在室外蓄水池中曝晒2天以上再运用。饲养过程中需利用换水来调理水质。温度较适合时,每天换水1次。夏秋季气温较高时,每天换水2～3次,每次均将饲养池水悉数换完,用清水将饲养池冲刷洁净;并用淋浴办法模仿人工降雨,以提高金钱龟的食欲。冬春季气温较低时,2～3天换水1次,换水量为悉数池水共同。

在饲养池上方吊装电灯泡来调节光照和温度。夏秋季用25～40瓦电灯泡作光源,以改进室内饲养池的光照条件,操作办法是白天开灯8小时,夜间熄灯。假如室内气温超越32℃以上,则开动吊扇降低室内气温。春秋季早晚气温低于25℃时,用40～60瓦电灯泡作热源加温。冬天气温在15℃以下时,则改用60～100瓦的电灯泡作热源,日夜开灯,保持温度在20～30℃。

3. 日常管理

投喂的饲料主要有鱼虾、螺蛳、蚌肉、蚯蚓,以及南瓜、菜叶和商品饲料等。投喂时依季节、水温以及龟的生长情况而定,一般日投喂量掌握在龟体重的5%左右。坚持定时、定量、定质投喂,让龟吃好吃饱。冬眠期,金钱龟无摄食行为,不必投喂,工作时重点是做好保温工作。饲养池水以淡绿色、透明度20～30厘米为好。如水色为褐绿色或蓝绿色,表明水质过肥,氧气不足,应及时换水。水泥池水应定期更换。换水的间隔时间视水质、季节而定,一般夏季每天换1次,每次换去三分之一;春秋季3～5天更换1次;冬季少换水或不换水。为防止金钱龟在养殖过程中出现疾病,必须做好预防工作。具体做法是:每2周用

10 克 / 米³ 漂白粉溶液或 2% 食盐水整池浸洗、淋浴龟体 5～10 分钟,以防治常见的细菌性疾病,用浓海带浸出液(每 10 千克水中浸泡切碎的干海带 100 克 1 天后过滤即成)整池浸泡或淋浴龟体 1～10 分钟,以防治金钱龟大脖子病。特别是发现金钱龟的食欲下降、行动迟缓时,用浓海带浸出液浸浴龟体 10 分钟,可以提高金钱龟的食欲,防病效果好。此外,通过晒背,也可以起到清毒作用,为龟体体表的维生素 D 原转化为维生素 D 创造条件,增强龟体的抗病力。

三、鳄 龟

[概 述]

鳄龟是现存最古老的爬行动物,世界最大的淡水龟之一,有"淡水动物王者"之称,分为两大种类,俗称大鳄与小鳄。大鳄又名真鳄龟,产自北美洲美国东南部。小鳄又名拟鳄龟,有 4 个亚种,分别是北美、佛州、南美、中美亚种,常见的有北美和佛州亚种,其中佛州亚种因一些人为原因价格较贵。鳄龟曾由于人类的猎杀失去栖息地,被世界自然保护联盟列成易危物种。后因其观赏价值高、适应性强,深受国内龟类爱好者青睐。

[生物学特性]

1. 外形特征

鳄龟长相酷似鳄鱼,故称鳄龟。其头部较粗大,不能完全缩入壳内,脖短而粗壮,领背鳄龟长有褐色肉刺,眼细小,上下颌较小,吻尖,尾巴尖而长,两边具棱,棱上长有肉突刺,尾背前边三分之二处有 1 条鳞皮状隆起棱背,并呈锯齿口状,背壳很薄,上皮以棕褐色为主,偶见棕黄色,背部具有 3 条模糊棱,并有放射状斑纹,后缘呈齿状,腹部白色,偶有小黑斑点,幼时黑色，四肢粗壮，肌肉发达，爪子尖而有力，善于爬行。

鳄龟背甲最长可达 70 厘米以上，在人工饲养下正常生长停止在 40 厘米左右。体重 80 千克以上，曾有 200 千克的记录。它保持了原始龟的特征，嘴巴、背甲盾片、红舌都异常奇特，头和颈上有许多肉突，龟壳长而厚，背上有 3 条凸起的纵走棱脊，盾片呈棕褐色，13 块盾片就像 13 座小山连绵起伏，呈纵横 3 行排列，背甲的边缘有许多像锯齿状的突起，使其外观像是穿上装甲的恐龙。与拟鳄龟不同，其龟壳上有 3 行棘，呈实灰色、褐色、金黄色、黑色或橄榄绿色（很多时候都有一层藻类覆盖）。眼睛周围有散开的黄色斑纹，小而有神，且有星星状的肉质"睫毛"。真鳄龟的舌上长有一个鲜红色且分叉的蠕虫状的肉突，通过中间的圆形肌肉与舌头相连。两端能够自由伸缩活动，舌头形状像蠕虫，用来诱食鱼类。尾巴又细又长，坚硬得像钢鞭一般。鳄龟与其他龟不同的是头和脚不能缩入壳内。

大鳄龟雌性的背甲呈方形，尾基部较细，生殖孔距背甲后缘较近；雄性的背甲呈长方形，尾基部粗而长，生殖孔距背甲后缘较远。

小鳄龟除上述特征外，生殖孔位于尾部第一硬棘之内或与尾部第一硬棘平齐的为雌性，而生殖孔位于尾部第一硬棘之外的为雄性。

大鳄龟咬合力度是全世界龟类中第二高的。它的嘴巴前端的上下颌呈钩状，似鹰嘴一般，锋利无比，成年鳄龟能轻易地咬下一个人的手指，养殖时必须极度小心。

大鳄龟初生重 8～10 克，一般成年体长 61～76 厘米，重 77～91 千克，最大记录 79 厘米、107 千克（美国芝加哥动物园），雄龟体形一般较雌龟大。小鳄龟平均初生体壳长 3.3 厘米、体重 7.2 克（最小 3.1 厘米、5.8 克，最大 3.7 厘米、14.8 克），一般成年体壳长 31～46 厘米、体重 23～36 千克，在自然界中，最大个体可达 38 千克以上。与普通龟卵（椭圆）不同的是小鳄龟卵形为圆球状，白色，直径 23 ～ 33 毫米，重 7 ～ 15 克。

2. 大鳄龟与小鳄龟区别

（1）**头部**　大鳄的头比较尖，小鳄龟的头比较圆。大鳄龟上颌似鹰嘴状，钩大；小鳄龟上颌似钩状，钩小。大鳄龟能扭头突然袭击其他动物，小鳄龟扭头时会连同身体转向寻找攻击目标，甚至追咬。

（2）**嘴部**　大鳄龟的嘴部比小鳄龟的要长。大鳄龟舌头为红色，小鳄龟则没有此特征。

（3）**背甲**　大鳄龟的背甲甲峰很明显；而小鳄龟的甲峰则不明显，近乎平背，背甲看起来比较圆。大鳄龟的背甲上有 3 条凸起的纵走棱脊，褐色，每块盾片均有突起物；小鳄龟的背甲棕黄色或黑褐色，有 3 条纵行棱脊，肋盾略隆起，随着时间推移，棱脊逐渐磨耗。

（4）**腹部**　大鳄龟的腹部有无数触须，腹甲棕色，具上缘盾；小鳄龟的腹部仅有少量触须，腹甲灰白色，无上缘盾。

（5）**尾部**　大鳄龟的尾较长；小鳄龟的尾较短，尾的背面有一锯齿形脊，又称尾棘。

（6）**生长速度**　大鳄龟小时候生长缓慢，当生长到 250 克以后，生长速度加快，在人工控温条件下，从 250 克到 2 500 克只要 1 年的时间，在自然界出现最大的个体达 100 千克以上。小鳄龟在 50 克以下生长缓慢，从 7 克长到 50 克需要 80 天左右，在控温条件下，50 克左右的小鳄龟长到 2 500 克，或 7 克左右的稚龟长到 1 500 克仅需 1 年。在自然状态下，小鳄龟个体能长到 23 千克以上。大鳄龟和小鳄龟生长速度的差异主要是习性不同造成的，大鳄龟性情懒惰，不善于主动摄食，靠酷似蚯蚓的"舌头"引诱小鱼"上钩"。小鳄龟能主动摄食，生长速度比大鳄龟自然要快一些，因此国内养殖的小鳄龟比大鳄龟多。

3. 生活环境

鳄龟在 2 ～ 38℃正常生活，1℃以上可正常越冬，12℃以下进入浅冬眠状态，6℃时进入深度冬眠，15～17℃少量活动，18℃以上正常摄食，20～33℃最适活动、觅食，28～30℃最适生长，34℃以上少动，伏在水底及泥沙中避暑。

大鳄龟和小鳄龟基本习性相似。平时在水中不好斗，而在陆上却能猛冲猛咬。指、趾具蹼，水栖性，栖息在深河、湖泊、泥潭中，偶尔接触咸水区域。在人工养殖条件下，鳄龟对浅水和深水都有较好的适应性，但在稚龟阶段因游泳能力不强，应给予浅水环境。鳄龟的食性杂，偏肉食性，主食鱼、虾、蛙、蝾螈、小蛇、鸭、水鸟，间食水生植物、水果。喜夜间活动、摄食。大鳄龟和小鳄龟的繁殖习性不完全一样，交配期小鳄龟在美国为4～11月，卵性，在我国长江中下游地区产卵期5～8月（高温地区可提前和延长产卵时间），一般每次产卵15～40枚，实际情况根据亲龟的大小和发育程度而变化，在生殖季节解剖可见4千克体重的亲龟怀卵量80枚，其中硬壳卵20枚。一年多次产卵。大鳄龟在美国交配期为2～4月，产卵期4～6月，每次产卵10～52枚。在自然条件下，大鳄龟和小鳄龟卵的孵化期为9～18星期，天气较冷及干燥孵化期会较长。人工控温可缩短鳄龟卵的孵化期，恒温32℃经60天左右就可孵出鳄龟。

4. 生活习性

鳄龟是食肉动物，也会吃腐食。其食性广而杂，小鱼、小龙虾、各种贝类及各种水果蔬菜等都是鳄龟猎食的对象，野外个体还会捕食蛇类、鸟类。饲养下的大鳄龟会吃任何肉类，包括牛肉、鸡肉及猪肉，但要先引诱大鳄龟"开食"。

5. 生长繁殖

鳄龟12岁达性成熟。每年都会交配1次，南方是于初春，而北方则是在春末。雌龟负责筑巢，2个月后会生10～50只蛋。幼龟的性别由蛋孵化时的温度来决定。巢一般位于水边最少50码以外的地方，避免泛滥及水浸。孵化期为100～140天，幼龟会于初冬出生。

野外鳄龟的寿命一般不明，估计可以活到 70～150 岁；饲养下的寿命一般为 20～70 岁。

6. 雌雄辨别

（1）排泄孔位置 雄鳄龟的排泄孔比较接近尾端，而雌鳄龟的排泄孔则接近腹甲。

（2）排泄孔形状 雄鳄龟的排泄孔为长形，雌鳄龟的排泄孔则呈现圆形。

（3）尾巴 雄鳄龟的尾巴是比较粗大的，而雌鳄龟的尾巴比较短且细。

（4）腹甲 雄鳄龟腹甲有明显的凹陷；而雌鳄龟腹甲则显得比较平坦，与雄龟有明显的不同。

［人工养殖］

1. 养龟池建造

选择水源方便、无污染、交通便利又安静的地方建池。其形状以东西向的矩形圆弧角的水泥抹面池或同形状但外建防逃墙的土池为宜，每个池面积几十到几百平方米；池深 1.2～1.5 米，水深 0.3～0.8 米；池底自北向南有 10°～16° 的斜坡，最低处设带有防逃网罩的排水管口；池角均呈圆滑弧状，其上加盖防逃压板；龟池外围建防逃墙，墙高 1 米，在墙上一侧面留门，墙顶也可加置向池内出檐的防逃压板（"T"形防逃墙）。外围防逃墙顶应每隔 0.6 米左右留设一个直径 2～3 厘米的插孔。在室外的水泥池墙的最高水位线上留出数个溢水孔。

新建的水泥池有碱性物质，可用 10% 冰醋酸刷洗池壁、池底，灌满水后浸泡 1～2 天，放掉后再用同法消碱 1 次，然后用清水冲洗干净，灌入新水。养龟之前，还需用 15～20 毫克/升漂白粉或 1 毫克/升"强氯精"对全池泼洒消毒，2 天后方可放养龟种。

为防暑降温、增加遮蔽物及净化水质，池中宜栽种水花生、

水葫芦等植物，其面积不超过池总面积的 1/4～1/3；也可搭棚架，栽种藤蔓植物来遮阳，形成一个人造仿生绿色环境。

除上述一般条件外，人为创造一个鳄龟最佳的生长温度是养龟的重要措施。在低温下通过无烟锅炉水（气）暖，使池水温度维持 30℃左右，空气温度在 31℃左右；也可利用温度自控仪与电加热装置实现恒温强化饲养。

2. 龟种放养

采用高密度养殖是获得高效益的新技术，也是养龟业发展的必然趋势。初期放养密度（200 克/只左右）为 24～27 只/米^2，按重量计应为 5 千克/米^{2}左右，但随着鳄龟个体的快速生长，应注意及时降低密度。待平均规格达 350～400 克/只时，应减为 20～22 只/米^2；待平均规格达 500 克/只时，按 15～17 只/米^{2}放养；600 克/只时，按 12～14 只/米^{2}放养；700 克/只时，为 10～12 只/米^2；800 克/只时，为 8～9 只/米^2。

刚孵出的稚龟，待脐带收敛后再用 10% 盐水消毒后置于水温 25～30℃的容器中，每天换水 3 次，3 天后可饲喂熟鸡蛋、熟小米混合物。约 50 天后饲喂切碎的小鱼、螺、蚌肉、动物内脏及下脚料。90 天后即可转入水泥池饲养。

3. 成龟饲养

成龟饲料应以小鱼、螺、蚌肉、动物内脏及下脚料为主，辅以一些泡软的小麦、碎玉米、蔬菜、水草等，还要适当添加维生素、微量元素与钙等。

建议采用鳄龟专用绿色配合饲料（蛋白质含量 48% 以上）。调制时现场称取配料，添加配料总重 5%～10% 的光合细菌和 45% 左右的清水，制成粒径 2～3 毫米的长颗粒即可。如有条件，制成浮性膨化颗粒饲料，效果更佳。

配合饲料投喂量为鳄龟总体重的 1.5%～2.5%，鲜活饲料的 5%～10%。每天投喂 3 次，分别在 6～7 时、12～13 时、17～18 时进行。投料要多点且均匀，并尽量使饲料入水时发出声响。

切忌集中投于一处，造成饲料成堆。每池的饲料台个数应根据池的大小决定，一般每平方米设 3～4 个。

4. 水质调节

鉴于高密度集约化养龟条件下，龟的摄食量和排泄物都较多，而水温又较高，即使投喂的饲料是绿色饲料，其对水质的污化速度也较快，水体中易产生较多有害物质，尤以硫化氢危害较重，而通过泼洒和底施光合细菌，即可有效地改善水质，减少有害物质。每次加注新池水时，同时施用光合细菌 10～15 毫克/升；换水也是调节水质的有效方法，水深 20 厘米左右的可每天换 1 次，30 厘米的水深可 2 天换 1 次。切忌多天不换水，不可使水体散发臭味。每隔 7～10 天可泼洒 1 次生石灰，浓度为 70 毫克/克，并注意与光合细菌交叉施用，不可同时使用。

5. 水温调控

水温的科学调控直接影响成龟养殖的增重及成活率，鳄龟长期在 18～20℃的条件下，生长速度要比最佳生长水温 30～31℃ 慢很多。因此，务必使水温维持在 30～31℃。正在换水或开放的养龟池恰遇暴雨或气温骤变等恶劣天气时，应及时防范，极力避免水温变幅大于 2℃。

鳄龟一般年生长 500～1 000 克。冬季加温养殖，年增重高达 700～1 400 克。1 000 克时即可出售。小规模养殖 10～12 只，年可增重 5～10 千克，至少收入 5 000 元，效益可观。

四、平胸龟（鹰嘴龟）

[概　述]

平胸龟（*Platysternon megacephalum*）属龟鳖目、平胸龟科、平胸龟属。又名：鹰嘴龟、鹰嘴龙尾龟、龙尾麒麟龟、鹰龟、大头平胸龟。背甲长 150 毫米左右，长椭圆形。龟壳扁平，头大尾长，不能缩入壳内。背甲棕黄、暗褐或栗色，腹甲带橘黄色；尾长，几乎与体长相等。指（趾）间有半蹼，既利于在陆地爬行，又便于在水中游泳。

平胸龟为水陆两栖，喜欢生活在满是巨砾和碎石、水流湍急的山涧中。主要觅食螺、蚬、贝、虾、鱼、蟹、蛙、昆虫和蜗牛，饥饿时也吃树叶草根。3年左右开始性成熟，4～9月份产卵。主要分布在我国南方，是我国淡水龟中最特殊的一种，国外分布于越南、老挝、柬埔寨、泰国、缅甸。野外已极罕见。被列入中国物种红色名录。

[生物学特性]

1. 形态特征

平胸龟的长尾似龙尾，生有鳞甲，刚劲有力，其头、眼、嘴均似鹦鹉，因此又被称为鹦鹉龟，惹人喜爱。头大，呈三角形，且头背覆以大块角质硬壳，上喙钩曲呈鹰嘴状，眼大，无外耳鼓膜。背甲棕褐色，长卵形且中央平坦，前后边缘不呈齿状。腹甲呈橄榄色，较小且平，背腹甲借韧带相连，有下缘角板。四肢灰色，具瓦状鳞片，后肢较长，除外侧的指、趾外，有锐利的长爪，指（趾）间有半蹼，既利于陆地爬行，又便于水中游泳。尾长，个别已超过自身背甲的长度，尾上覆以环状短鳞片。

此龟的头、四肢均不能缩入腹甲，是我国已知龟类中较特殊的一种。四肢粗壮有力，爪子锐利，快速爬行时貌似麒麟拖龙尾奋蹄，静蹲时面目活像一只猫头鹰注视猎物，侧走时完全像苍鹰腾飞。此龟可以说是龙、麒麟、龟的结合体，我国历史上传说的四大灵兽是龙、凤、麒麟、龟，此龟身上体现出三种形态，因此，很有观赏价值。此龟遇到比它大的动物，会发出怒吼，吓走对方，而且它不怕山鹰袭击。用此龟所培育而成的绿毛龟也是奇货可居，江苏曾有平胸绿毛龟出口价3 000美元的记录。鹰嘴龙尾绿毛龟观赏价值已超过其他品种绿毛龟，特别是其头顶、嘴角、尾巴、四肢、腹部均可长绿毛，在水中行走时俨然青龙昂首劈波斩浪。

2. 生活习性

鹰嘴龟为水陆两栖，以水中生活为主，一般生活在溪流、湖沼的草丛中。由于具有锋利的爪和强有力的尾巴，能够轻易爬越障碍物，还能爬上树捕食小鸟，性凶猛。3、4月份天气转暖时，开始寻食、发情，5～9月份食欲最旺，秋末冬初，则钻入沙土、草丛或潜于水底冬眠。野生平胸龟主要觅食螺、蚬、贝、虾、鱼、蟹、蛙、昆虫和蜗牛，饥饿时树叶草根也吃。在人工饲养条件下，可喂以动物下脚料、螺、蛙、鱼虾肉以及糠麸、豆饼、果实或水果皮等。人工饲养的平胸龟，3年左右开始性成熟，4～9月份产卵，产卵时大多数卵产于陆地沙土中，少数产于水中。

平胸龟雄性腹部的甲壳比较长，平坦的胸部中央略微凹陷，尾巴粗，泄殖腔孔离腹甲后部的边缘较远，距尾基大约2.5厘米。雌性的胸部中央非常平坦无凹陷，身体很宽，泄殖腔孔离腹部边缘较近，大约在尾基1.5厘米处。

[人工养殖]

1. 养殖方法

人工饲养平胸龟条件不苛刻，参考一般龟类饲养方法即可，要用淡水饲养，池养、荡养、盆养、缸养都可以，保持水质清新，不在烈日下曝晒，每天投食。该龟喜食动物性饲料，如各种动物内脏、肺、肠、小杂鱼虾、贝类、蚯蚓、昆虫、蚕蛹和颗粒饲料。一只母龟年繁殖10～30枚卵，孵化率可达93%以上。

平胸龟是著名食用龟，乱捕滥杀是造成其濒危的主要因素。动物园及私人有少量饲养供观赏。湖南省及海南省将平胸龟列为重点保护野生动物。建议有平胸龟分布的省份将其列入本省（区）重点保护野生动物名录；严禁捕捉与出售；创造条件，发展人工养殖，做到迁地保护。

平胸龟性情凶猛，多在夜间活动，饲养池或养殖器皿应根据它的特性，池壁四周必须光滑，深度宜超过龟全身长度的 3 倍以上，以防止龟竖立攀爬逃走。

2. 场地设施

平胸龟可池养、缸养，家庭和专业户饲养以建池养殖为好。场地应选择在背风向阳、水源充足、排灌方便、不易被污染、环境较为僻静的地方。池子可用砖石砌垒，用水泥抹光，池子大小视养龟的数量而定，池深 80 厘米左右，池底呈锅底形，池底应铺 20 厘米厚的沙土，池水要保持在 50 厘米深左右，池内可种植少量水草如水浮莲等，以便供龟隐蔽或避暑。在养殖池的四周陆地上再建 1～1.5 米高的围墙防逃，并在围墙内设产卵场。水池是龟的常年栖息场所，一般建在南端，北端建产卵场，东西向短，南北向长，池子的东、西、南三面用水泥修筑池壁并与池底垂直，需高出常年蓄水水位以上 30 厘米，墙顶设防逃檐，北面以缓坡与产卵场相接，便于母龟上下产卵。产卵场面积按 20 只 / 米^2 设置，用优质壤土或沙壤土堆成厢状，便于人工采卵。

3. 繁殖孵化

雌雄亲龟体重达 250 克左右，龟龄 5～6 龄，其性腺开始成熟，并有生殖能力。9～10 月份傍晚 5～6 时，气温 20～25℃时开始交配，翌年 6 月份水温上升时开始产卵，产卵期持续到 8 月中旬。产卵时间多在黄昏至黎明，也有延续至次日清晨 8 时左右的。产卵期夜间最好不要到产卵场惊动母龟。次日上午，母龟多已离开产卵场进入水池中，根据龟产卵穴的痕迹，就能挖到卵，并轻轻拣出平放于集卵箱（盆）中，再进行人工孵化。

盛卵器内要铺一层 3 厘米厚左右的湿细沙，卵要整齐排列，防止挤压。采卵后，要用手平整产卵场。如场地过于干燥，还应洒水调节湿度，以便再产卵。

把新鲜优质的受精卵放入孵化箱内，孵化箱底部铺上以手捏可成团的细沙约 20 厘米厚，把龟卵挨个埋入 2～3 厘米深的细沙中，上盖湿巾，每天洒水 1～2 次，保持湿度 80%，温度在 25～30℃，经 50～60 天便可孵出稚龟。

刚出壳的稚壳 1～3 天内不需喂食，只要用 8.5% 盐水浸洗消毒片刻即可，然后转入铺有细沙的饲养箱中。3 天以后就可喂给小鱼、小虾、蚯蚓及少许米饭等食物，经 60 天的精心饲养后，即可转入饲养池进行饲养。

4. 龟苗选择

健康的平胸龟体表光滑，表皮、背腹甲完整，四肢肌肉饱满，眼睛有神，对外界的刺激反应灵敏，爬行时四肢有力，能将身体支撑起来，快速逃走，放入水中能迅速游动并能下沉到水底，可选择养殖。反之，对四肢瘦弱、拿在手中挣扎无力、放入水中游动缓慢或长时间漂浮在水面的龟，绝不能选择。

5. 龟苗放养

平胸龟较其他龟的野性大，较难适应人工饲养环境条件。新引进的龟不能马上放入水中，应在阴凉处干放 3 小时后，在龟体表适当洒水，保持龟体湿润。1 天后，龟可放入水中，开始投喂活饵料，如活的小鱼虾、蝌蚪、蚯蚓等。

将进食的龟单独饲养 10 天后，放入龟池中，开始水深 20 厘米左右，适应后逐渐加深到 50 厘米左右。龟主动进食后，可投喂冰鲜鱼等饵料。投喂顺序为先冰鲜鱼后活饵料，冰鲜及活饵料均要放入水中。

6. 幼龟饲养

幼龟的饲料与亲龟的基本相同，只是颗粒要求较细软，投喂量约为幼龟体重的 5%～8%，上、下午各投 1 次；如选用幼龟人工全价颗粒饲料，则按总体重 3%～5%，分早、晚 2 次撒于食台上投喂。如选用人工粉状配合饲料，则要充分拌湿、久揉，使之柔软并富有黏性，再在食上靠近水面投喂。龟池上要有荫棚防晒，并常加注新水，保持水质清新，及时清除残料，以防败坏水质。冬季幼龟要注意保暖，使之安全越冬，可在水温 15℃以下时，用塑料薄膜覆盖。

7. 成龟饲养

平胸龟食性较广，既采食动物性饲料，也采食植物性饲料，要使之生长快，应以动物性饲料为主，植物性饲料为辅，还需添加多种维生素、微量元素和钙、磷等矿物质饲料。动、植物饲料的配比应为 7 : 3 或 8 : 2，饲料要求新鲜，当天加工当天喂完，不投喂腐烂变质的食物。饲料的质和量还要根据平胸龟的不同生长阶段和气候条件而酌情改变。

每年 7～9 月份是平胸龟摄食活动的高峰期，增重速度最快。因此，这 3 个月应该供以充足的营养物质，让其多吃快长。春秋季节气温较低，平胸龟喜欢在中午前后活动摄食，故要在中午前投喂饲料。夏季气温较高，其多在下午 5～7 时活动觅食。在临近冬眠期，应增加投喂量，使龟长肥，利于越冬。在平胸龟交配期之前及交配期，应喂给富含蛋白质且易于消化的饲料，以及维生素 A、维生素 D、维生素 E、维生素 D 等，以提高繁殖性能等。11 月份后，当气温低于 15℃时，平胸龟便伏于池底泥沙处，不食不动，进入冬眠状态。此时不需要投食，也不需要换水，但要注意保温，在水池四周盖上稻草等物。春夏秋三季应注意更换池水，夏季每 2 天更换 1 次，春秋每 5 天更换 1 次，保持水质清洁，防止龟患病。

人工饲养时，平胸龟摄食小鱼虾、蚯蚓、冰鲜鱼等饵料。投喂前，需将大块鱼虾等饵料加工成小块状，以利于龟采食。饵料投入水中，以适应平胸龟喜欢在水下进食的习性。每次投喂量为龟体重的 2%～3%，夏季每天 1 次，春秋季 2 天 1 次，水温低于 20℃时不需投喂。每次投喂时间基本固定，定时摄食有利于龟形成条件反射，也便于观察龟的采食情况。

保持水质良好是养好平胸龟的环境条件，因此，必须经常换水，喂食后要及时换水。平胸龟不耐高温，当水温可能超过 30℃时，就必须提前将龟转移到阴凉低温处，防止龟中暑。

五、巴西翠龟

[概　述]

巴西翠龟原产于美洲，是龟类中的优良品种，具有很高的食用、药用和观赏价值。此龟有两个特点：一是色彩斑斓，头部有红色及纵向淡绿色条纹，背部呈深绿色，带规则几何图案，圆周裙边似花蝴蝶翅膀，腹板处有黄、白、黑相间的文字式花纹，且每只龟不尽相同，观赏价值高。二是性情活泼，比一般龟品种好动而且速度快。该龟被世界自然保护联盟列为 100 种最危险入侵者之一。

[生物学特性]

1. 外部形态

巴西翠龟全长 15～25 厘米，头、颈、四肢、尾均布满黄绿镶嵌粗细不匀的条纹，头顶部两侧有 2 条红色粗条纹。眼部的角膜为绿色，中央有一黑点吻钝。背甲、腹甲每块盾片中央有黄绿镶嵌且不规则的斑点，每只龟的图案均不同。尾适中，头较小，吻钝，头、颈处具黄绿相镶的纵条纹，眼后有一对红色斑块。背甲扁平，每块盾片上具有圆环状绿纹，后缘呈锯齿状。腹甲淡黄色，具有黑色圆环纹，似铜钱，每只龟的图案均不同。后缘不呈锯齿状。指（趾）间具丰富的蹼。

腹部有较大黑斑，表皮光滑，体薄而裙边宽厚。头部两侧长有典型的红色条纹，有时头顶部还有一处红色斑点。红色条纹有时会断裂成 2～3 块斑点，颜色深浅从橙色到深红有不同的变化。有些没有红色条纹。每只巴西龟的性格都是不同的，部分个体性格凶猛、好斗，但也有部分个体温驯胆小。表皮粗糙（但比其他龟类光滑），动作灵活，壳较薄（相对于陆龟和黄缘盒龟而言），而且龟甲边缘宽厚，脂肪色泽金黄。

在外表色彩上，雌雄无显著差异，但在体重上相差很大。当雌性个体重 1 000 克，雄性个体重 250 克时可鉴别性别。

雌性龟：尾基部细，泄殖孔距腹甲后缘较近，腹甲的 2 块肛盾形成的缺刻较浅，缺刻角度较大。背甲较短且宽，腹甲平坦中央无凹陷，尾细且短，且泄殖孔位于腹甲以内。或用手指按压龟四肢使其不能伸出，泄殖孔分泌出液体，即为雌龟。雌性个体重达可达 1 000～2 500 克。

雄性龟：背甲较长且窄，腹甲中央略微向内陷，尾粗且长，尾基部粗，泄殖孔距腹甲后缘较远，腹甲的 2 块肛盾形成的缺刻较深，缺刻角度较小。背甲较长且窄，腹甲中央略微向内陷，尾粗且长，尾基部粗，泄殖孔位于腹甲以外。或用手指按压龟四肢使其不能伸出，其生殖器官会从生殖孔中伸出，即为雄龟。雄性个体重不超过 600 克。

2. 生活习性

巴西翠龟属水栖性，可生活在深水域，幼龟喜栖息在浅水中，群居习性。喜阳光，晒背习性较其他龟类强。11 月至翌年 3 月冬眠，4 月开始活动。当水温在 16℃时开始摄食。

巴西翠龟的活动随环境温度的变化而变化，最适温度为 20～32℃，11℃以下冬眠，6℃以下为深度冬眠。性成熟早，繁殖能力强，在其原产地的窝卵数为 6～11 枚，最多可达 30 枚。

巴西翠龟生活于山谷、河溪之中，营水陆两栖生活，属半水栖。白天喜欢藏匿在洞穴或阴暗隐蔽的地方，有时在水中浸浴或晒太阳。黄昏活动频繁，尤其在雨后。有攀爬及群居习性，性温驯、胆怯，喜僻静、怕噪音，喜清洁、怕污垢。生长水温 25～35℃，摄食水温 20～35℃，在 29～32℃的水温下食欲最强盛；36℃停食，38℃蛰伏，能耐受 40℃高温；当温度降至 16℃以下处于冬眠状态，1℃以下有僵死的危险。

巴西翠龟每隔一段时间需要上浮水面进行呼吸，间歇时间的长短与水温的高低和活动强弱有密切关系。当水温在12℃以下时，可长时间潜于水底，进行微弱的咽喉呼吸；在水温升至25℃时，就要上浮呼吸。春季当水温升至16℃以上时，少部分龟开始活动觅食；20℃以上基本正常摄食，但食量很小。气温低时，上午10时到下午3时是其活动时间；气温高时，傍晚至清晨活动较频繁。每年11月至翌年3月气温较低时，常隐蔽于阴暗处不食也不动；4月上旬开始出蛰活动；5～9月气温升高，活动范围增大，活动也逐渐频繁。初春、秋末的晴天，喜欢晒太阳。6～8月是活动频繁期，炎夏的中午一般休息在隐蔽的陆地和龟窝中，黄昏和夜间大多活动于水中，夜间10时以后活动逐渐减弱。10月中旬以后，气温逐渐降低，活动明显减弱，进入半冬眠状态。随着温度的不断下降，冬眠也随之加深。

巴西翠龟有晒太阳的习性但又不能久晒。室外养龟箱不能放在阳光长时间直射的场所，必须有遮阴设施。如果在室内养龟，可在距龟箱30厘米处安装一紫外灯，每天照射15～20分钟。注意防止箱内龟的逃逸，最好加网盖，冬天水温下降让其冬眠，夏季白天可将龟拿出晒太阳，以早上8～9时适宜，晚上收回。

3. 摄食习性

巴西翠龟属杂食性动物，但偏食动物性饵料，如红虫、小鱼、小虾、蚌、螺、蚯蚓、瘦肉等，喜食无骨、无刺的软碎肉（肌肉）、虾肉、鱼肉，最喜食新鲜虾肉以及各种昆虫，在动物性饵料缺乏时，也食植物性饵料，能忍受长时间的饥饿。巴西翠龟在人工饲养条件下，喜食动物性饵料，如鱼、猪肉、动物内脏、蚌、螺及血虫（摇蚊幼虫）、红丝虫（水蚯蚓）、黄粉虫（面包虫）、蝇蛆等，也食菜叶、米饭、瓜果等植物饵料，一般投喂小鱼、小虾、猪肝、红虫、蟑螂等。

巴西翠龟摄食时间无选择性，昼夜均食，饥饿状态下有抢食行为，出现大吃小的现象。

投饵时间应固定，一般春、秋两季为10～14时，夏季以

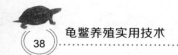

7～9时或18～19时为宜，当气温过高或过低，龟均有少食或不食的现象。

投饵地点应固定，这样便于观察龟的采食、活动情况。

饲料必须新鲜、无异味，下脚料应先洗净，再剔除多余的筋、皮等物，以免消化不良。饲养用水不宜直接使用自来水，建议使用曝晒过的水。通常每周喂3～5次为宜。

4. 年龄与生长

巴西翠龟的生长速度较快。据报道，重6克的稚龟，在稳定于30℃左右的水体中养殖38天，体重可达到50～60克；5月初转入室外自然水体中养殖；至11月下旬，一般体重可达350克以上；至翌年10月底，一般个体重可达750克左右。

5. 繁　殖

在自然条件下，巴西翠龟的性成熟年龄一般在4～5龄。有些龟经过人工加温饲养，2龄时体重已较重，但仍不能产卵。

在长江流域，5～9月份为其繁殖期，夏至前后为产卵盛期。一年可产卵3～4次，每次产卵3～19枚，年均产卵量40～70枚，最高可达90枚。产卵多在黄昏至黎明前进行。

[养殖场地与设施]

养殖设施比较简单，只要水源有保障，光照充足，通风、排换水方便的地方均可建饲养场。

稚龟池多建于室内，面积一般为1～3米²，池深40～50厘米，水深10～20厘米，池底部铺5～10厘米厚细沙。池底的一端做成25°的斜坡，并伸出水面，以供稚龟休息和作饵料平台。新建的水泥池必须经过冲洗并浸泡数日后方可使用。

幼龟池一般建在室内，也可建在室外，面积一般为5～10米²，池深80厘米左右，水深50～60厘米，池底部铺20厘米厚细沙，设有与地面呈30°的斜坡。

成龟池、亲龟饲养池可用土池或水泥池，其结构与幼龟池相似，但面积较大，较深，设有饵料台、休息场，亲龟池一角设沙滩，供雌龟产卵。

[人工饲养]

1. 幼龟饲养

幼小的巴西翠龟可用平底容器饲养，塑料盆、槽、盒及水族箱都很合适，水不要太深。市售的一种平浅塑料槽，中间有个岛和一棵塑料椰子树的最不适用，因为太小，无法加装电暖器，而且误导使用者把小岛当喂饲料的地方。因为巴西翠龟完全在水中摄食，结果是岛上堆着饲料，而巴西翠龟却在挨饿。

每只幼龟要有 5 升水的活动空间，水深不应超过龟体长度，好让龟到水面呼吸时脚能撑到地。同时用砖块、石片做一个岛，浮岛不适用，因幼龟常爬不上去而白费力气。另一方面还要注意岛和装饰物不要成为危险的障碍物，使小龟卡住而淹死。

幼龟适应的水温约为 25℃。天冷时，在养殖箱上加装一盏罩灯加温；若水温仍太低，可在水中加电热管。水族商店所售之电热管应安装于水面下，注意电热管及电源线不要有卡住巴西翠龟的风险。

特别重要的是巴西翠龟要有直接受日光照射的机会，可将养殖箱置于阳台或窗台，如无条件，每周须给幼龟 1～2 次紫外线照射，每次 3～5 分钟。紫外线灯不可太接近巴西龟，以免造成伤害。以日光照射最好，注意所用的容器玻璃不要滤掉紫外线。整个夏天可将幼龟养在阳台上。为防被鸟叼走，可在箱上覆网。注意预防巴西翠龟爬出养殖箱。

2. 成龟饲养

巴西翠龟成龟所需的养殖箱要大得多，1 对成年的巴西翠龟至少需要 100 升水的活动范围。

养殖箱过小会使巴西龟很快变得肥胖、呆滞，若是四脚朝天掉下水，它会因为翻不过身来而淹死。槽中陆地或岛上的一部分可用土、泥炭或沙填成，每隔一段时间适当增加陆地温度，以便雌龟产卵孵化，天冷时以灯光照射陆地更佳。最好不要用沙或石子铺在槽底，因为这样会增加换水及清洗的困难。注意经常换水，加装过滤设备虽可清除水中浮悬物，但溶解在水中的物质对龟的健康影响很大，所以过滤设备并不能完全取代换水。

六、黄缘盒龟

[概　述]

黄缘盒龟又称黄缘闭壳龟、夹板龟、克蛇龟、断板龟等，属龟科、盒龟属。主要分布在我国南部、台湾省及日本等国家和地区。

[生物学特性]

1. 形态特征

黄缘盒龟头部光滑，颜色丰富多彩，侧面是黄色或黄绿色，头顶是橄榄油色或棕色。吻前端平，上喙有明的钩曲。背甲为深色高拱形，上有 1 条浅色的带状纹（有些有 3 条），有些有中肋纹（背甲中线），中肋线的颜色会随年龄增加而退化。胸腹盾之间具韧带，前后半部甲可完全闭合。四肢上鳞片发达。尾适中。当头尾及四肢缩入壳内时，腹甲与背甲能紧密地合上，故名为"黄缘盒龟"。体中等，壳高几为甲长二分之一。头中等，头背皮肤光滑。吻短，突出于上颚。上颚钩曲，颚缘无齿状突。眼大，鼓膜圆而清晰。

背甲隆起，前缘圆或凹缺，后缘圆或有一小的凹缺。每枚盾片均有疣轮及平行于疣轮的清晰的同心纹。脊棱明显，在每枚椎盾的中部更为突出。侧棱不显。颈盾大，前窄后宽，呈梯形。椎盾5枚，通常宽大于长，有的个体前2枚椎盾长大于宽，或相等。肋盾4对，宽大于长，一般亦比相邻的椎盾宽。缘盾12对，除第一对外，均为长方形。有的最后3～4对缘盾后缘略为突出，呈锯齿状。缘盾的疣轮位于盾片的外下角。腹甲平，椭圆形，前缘圆或微凹，后缘圆。各盾片同心纹清晰，其中心亦位于外下角，但有的个体不显。各腹盾之缝的长度次序为腹盾缝＞胸盾缝＞喉盾缝（或肱盾缝）＞肱盾缝＞股盾缝。喉盾最小，三角形。肛盾大，菱形，有一不达末端的中央缝。该缝在成体约占肛盾长的1/4～1/2，幼体仅末端不显。无下缘盾。腋盾、胯盾极小。甲桥不明显。

四肢略扁。四肢背面棕黑色，腹面浅灰棕色。前肢前缘被覆瓦状圆形大鳞。指（趾）间微蹼，具钝爪。前肢5爪，后肢4爪。尾短，尾背有1条黄色纵纹，尾基及股后有疣粒。雄性尾较长，尾基的棘状疣亦强。头背橄榄绿色，吻端柠檬黄色，眼睑及虹膜、鼓膜黄色，瞳孔黑色。眼角向后，沿头背两侧各有1金黄色细线纹。头侧及咽、颏部橘黄色。体背棕红色，每枚盾片的边缘色较深。脊棱黄褐色，腹甲棕黑色，唯背甲外侧缘与缘盾的腹面，腹甲的外缘均为鲜米黄色，因而得名。

2. 生活习性

黄缘盒龟为半水栖性（偏陆栖性）。在自然界中，黄缘盒龟栖息于丘陵山区的林缘、杂草、灌木之中，在树根底下、石缝等比较安静的地方。昼夜活动规律随季节而异。黄缘盒龟属山龟，不能生活在深水域内。常活动在森林边缘、河流、湖泊等潮湿处，陆生，伏于倒木、岩石及落叶下。下雨时常外出，也可能去水域活动。在安徽皖南山区，多栖于林缘或有稀疏灌木丛的杂草山中，活动地离水源不远，旱时多在有流水的溪谷附近。夏季以夜间活动为主，白天隐蔽于阴凉的柴草或溪谷边的乱石堆中。当气温低于10℃时，进入冬眠。冬眠地多在阳坡，有杂草及细枝落叶堆成的较厚的覆盖层的地方。冬眠期为11月初至翌年4月初。受惊扰时，头、尾、四肢均能缩入甲内，腹甲向上完全关闭背甲，得以保护。

3. 摄食习性

黄缘盒龟为杂食性，摄食昆虫类动物性食物及果实类植物性食物，人工饲养可喂以青菜、包菜、空心菜、米饭、蚯蚓、蛙、鸟、鼠、猪及鸭肠等。

4. 生长习性

黄缘盒龟同龄龟雌性个体生长快于雄性个体，达到性成熟后，雌龟生长仍然较快，雄龟生长较慢。另外，饲料、环境温度不同，龟的生长速度也不同。

5. 繁殖习性

雄龟体重达到280克左右，雌龟体重达到450克左右达到性成熟。4月中旬交配，5月下旬至9月中旬产卵，6～7月为产卵盛期。每年产卵3～4次，每次产卵2～7枚，多于夜间产出。卵壳灰白色，长椭圆形。

[养殖技术]

1. 龟池建造

养龟池宜建在环境僻静的地方，平面分3个区域。靠池端或池角为饮水和洗浴区，面积为总面积的10%～30%，水深10～30厘米，向排水口倾斜；靠洗浴区为投食槽，面积占10%～20%，表面要平整，设排水口与外界相通，以便经常冲洗；其他为产卵及休息区，以沙壤土为好，其上可种植蔬菜。龟池总体向洗浴区倾斜，各区以缓坡相衔接。池四周建50厘米高的防逃墙，墙基入土约25厘米，进排水口设防逃网。

2. 消毒放养

（1）龟池消毒 放养前10～15天龟池饮水洗浴区及投食槽需用生石灰或漂白粉等药物彻底消毒，产卵及休息区喷洒1%漂白粉或撒生石灰粉消毒。新建池在使用前用水浸泡冲洗2～3次脱碱。

（2）**选龟** 黄缘盒龟的来源主要依赖收购。购龟宜在每年4～8月，这期间龟的数量多、价格低，宜驯化饲养；11月至翌年3月，龟处于冬眠或即将冬眠阶段，不易观察到龟的活动、进食、排便等情况，难以掌握龟的成活率。爬行时四肢能将自身撑起。受惊后能立即逃跑。健康龟的粪便为团状，外裹白膜，若粪便呈蛋清色或血红色、淡绿色等，均属不正常。

（3）**放养** 新购买的龟放养时需用2.5%食盐水或20毫克/升高锰酸钾溶液浸浴消毒。稚龟放养密度40～50只/米²，幼龟20～30只/米²，200克以上的龟放养10～15只/米²，繁殖亲龟2～5只/米²。

3. 日常管理

日常投喂以剥皮鱼虾肉、螺蚌肉、瘦猪肉为主，也可喂面包虫、蚯蚓、蜗牛等，最好能驯化投喂鳗鲡饲料或黄鳝饲料。为确保龟体内营养物质的平衡及鲜亮的体色，可定期投喂一些瓜果，或直接投喂一些复合维生素。饲料要新鲜可口，特别是稚龟饲料要保证细、嫩、软。新鲜饲料或团状鳗鲡料应投放在食槽，颗粒状黄鳝料既可投放在食槽，也可投放在水面，但要及时捞出残饵。春秋季节一般在中午前投喂，每2天投喂1次。夏季温度高时在下午5时后投喂，每天投喂1次。投喂量应根据季节、天气、饲料质量、龟体大小等确定，一般为龟体体重的1%～5%。

食槽中的残饵要及时冲洗，春秋季节应定期换饮水洗浴区的水，夏季高温季节应勤换，换水最好在喂食前进行，应注意水的温差不宜高于3～4℃。大雨时要及时查看龟池排水是否畅通。每天要巡察，查看龟的活动、摄食情况，发现问题及时解决。

每年11月初，由于温度下降，龟逐渐进入冬眠，在室外养殖的成龟、亲龟可在原池中越冬，这时应在活动区铺上一层干

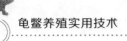

草；在室外饲养的稚龟、幼龟最好转入室内越冬池越冬，或在龟池上方搭盖塑料薄膜大棚保温越冬。冬眠期间要注意保持越冬区土壤的湿度。

七、黄喉水龟（黄喉拟水龟）

[概　述]

黄喉水龟（*Mauremys mutica*）为龟鳖目、龟科、拟水龟属，主要分布于越南、日本，我国大陆的中部、东部、南部，以及海南、台湾，常见于丘陵地带半山区的山间盆地或河流谷地的水域中及附近的小灌丛或草丛中。该物种的模式产地在浙江舟山群岛。

[生物学特性]

1. 形态特征

黄喉水龟甲长 15～20 厘米，头小，头顶平滑，橄榄绿色，上喙正中凹陷，鼓膜清晰，头侧有 2 条黄色线纹穿过眼部，喉部淡黄色。背甲扁平，棕黄绿色或棕黑色，具 3 条脊棱，中央的 1 条较明显，后缘略呈锯齿状。腹甲黄色，每一块盾片外侧有大墨渍斑。四肢较扁，外侧棕灰色，内侧黄色，前肢五指，后肢四趾，指（趾）间具蹼。尾细短。

黄喉拟水龟在成长过程中有体色变化，以头部颜色的变化最快。在活动频繁的季节，也许只需数周或更短的时间，黄喉拟水龟的头部颜色就会发生明显变化。

黄喉拟水龟的体色基本呈南深（色）北浅（色）的趋势。甲壳颜色：南种的大都偏棕黑色、北种棕灰色的较为普遍。头色：由南至北均是由深向浅的走向：深绿、灰绿、浅绿，越往北越偏黄色。当然，同一地域的种群也会有一些差异，这除了龟类遗

传基因的因素外，和栖息地环境、食物及光照等等都有很大的
关系。

由于气候环境的关系，黄喉拟水龟的体形大致可分为两种：
我国南部和北部的黄喉拟水龟体形较细小；分布在中部，也就是
亚热带地区的黄喉拟水龟体形较大。这是因为热带夏天高温炎
热，而温带冬天寒冷，每年较长时间的夏眠及冬眠都使生长速度
放缓。而栖息于亚热带的黄喉拟水龟，由于生长周期比南北方的
都长，所以个体的体形比较大。

2. 生活习性

黄喉拟水龟抗病力强，能耐饥寒，营水陆两栖生活，但较多
栖息于水中。每年 4～8 月为产卵期，一般一只身体和营养状况
都良好的雌龟一年可产 1～3 次卵，每次 1～10 枚卵。

3. 摄食习性

黄喉拟水龟的食性为杂食性，取食范围广，小鱼虾、肉类、
动物内脏及下脚料或次品、螺、蛙、蛇、果皮、嫩草、蕉类、玉
米等均可作为食物，但以新鲜肉类最喜食。人工养殖条件下，动
物类可投喂家禽内脏、猪肉及内脏、混合饲料，植物类可投喂瓜
果蔬菜。

黄喉拟水龟喜在水中觅食，摄食时，先爬近食物，双目凝
视，然后伸长颈脖，咬住食物并吞下。若食物过大，则借助两前
爪将食物撕碎后再吞食。

4. 生长特点

黄喉水龟的生长与温度、饲料、年龄等因素有密切关系。一
般饲养条件下，稚龟经 3 个多月，体重可长至 50 克左右，2～3
龄时体重可达 150～250 克。

5. 繁殖习性

雄性龟个体重达 250 克性成熟，背甲较长，腹甲凹陷，个体
大，此凹陷愈明显，尾较长，泄殖孔离腹甲后缘较远。雌性个体
重达 300 克性成熟，背甲宽短，腹甲平坦，尾短小。

在自然界，黄喉拟水龟的交配期为 4～10 月，交配时间多在夜晚或清晨。交配前雄龟显得很兴奋，常尾随雌龟，以头部撞触雌龟的肩部，雌龟不动时，雄龟便爬上雌龟的背，前爪勾住雌龟的背甲前缘，尾部伸出交接器，进行交配。产卵期为 5～9 月，7 月为盛期，产卵时间多在夜晚。产卵前，黄喉拟水龟先用后肢挖洞穴，洞穴口大底小，一般直径 40 毫米，深 80 毫米。然后将尾部对准洞穴，后肢伸出，脚掌张开接卵。卵产完后，又用后肢拨土，将洞穴填平。黄喉拟水龟每次产卵 1～5 枚，卵呈白色，长椭圆形。

[养殖场地与设施]

养殖场地要选择水源充足、水质良好的地方，土质保水性能良好（如黏壤土或壤土），排灌方便，环境安静，背风向阳，避免在交通线、工厂等外界影响大的地方养龟。不同阶段的龟宜建不同规格的龟池。

1. 稚（幼）龟池建造

稚龟池一般为水泥结构，池底与运动场呈 30° 坡度使之四分之三为水池（水深 20～30 厘米），四分之一为运动场（陆地部分）。稚龟池四面墙面必须光滑，50 厘米以上的高度，严防稚、幼龟"叠罗汉"逃走。龟池上方拉遮光网遮阳。黄喉拟水龟喜水，平时多在水中生活，水池因此可适量放置水浮莲（约占水面三分之二）。水浮莲既可为稚幼龟提供隐蔽场所，又可吸收水中的部分有害物质，夏天还可吸收大量的太阳辐射热能，有效降低水温。运动场是龟活动及摄食的地方。稚龟池的大小视养殖规模而定，5～10 米^2 等规格均可。稚龟池要有良好的进排水设施，进排水口有防逃栏栅，龟池上方加盖铁丝网严防老鼠等敌害的侵袭。稚龟入池前，必须用高锰酸钾 40 克 / 米^3 消毒龟池。稚龟的放养密度为每平方米 20 只稚龟左右。

2. 成龟池建造

成龟多指 500 克以上、接近或达到性成熟的龟。成龟对环境的适应性强，生命力旺盛，不易死亡。成龟池的建造可参考稚龟池的方法，不同之处是成龟池必须由水池、运动场（陆地）和沙地三部分组成，其中水池占整个龟池的一半面积，运动场和沙池各占剩余面积的一半。水深要求 30 厘米以上。成龟池可用来养殖成龟和亲龟。龟池四周可以种植少量遮阳植物。

[养殖技术]

1. 挑选龟种

对龟种或龟苗的要求是：肉眼观察其无伤残，活动旺盛，反应灵敏；避免经过长途运输挤压受伤。买龟之前，必须先消毒龟池（用 40 克 / 米^3 高锰酸钾溶液浸泡 30 分钟），然后排干池水，用清洁水冲洗干净；曝晒龟池 2～3 天，药效消失后再注入新鲜水。新引进的龟必须休息 2 小时以上，适应当地气温及环境后，再进行消毒，然后放入龟池内饲养。

2. 幼龟放养

幼龟入池前，需用 2 克 / 米^3 高锰酸钾溶液浸泡消毒，放养密度为 5～8 只 / 米^2，雌雄比以 3∶1 或 3∶2 为宜。

3. 饲养管理

首次投喂应将新鲜饵料和混合饲料拌和在一起，捏成团，放在水边，连续投喂数次后，待大部分龟适应后，可直接投喂混合饲料。黄喉拟水龟在水中觅食，故食物宜放在水边的食台上，投喂的数量以不剩食为宜，一般为龟体重的 5%。投喂时间因季节而异，4、5、10 月宜在中午前后，6～9 月宜在上午 8～9 时或傍晚 6 时左右，7 月是龟产卵旺季，应增加投喂量。

小面积饲养池每周换水，大面积池塘应每 2～3 天排出部分老水，加入新水，并每周用 20 克 / 米^3 呋喃唑酮（食用龟禁用，全书同）或 10 克 / 米^3 石灰水交替泼洒。

日常管理中应做到勤巡查、勤记录。巡查可以了解龟的活动生长进食情况，每天早晚各 1 次，随机抽查 2～3 只龟的健康情况，并对气温、水温、活动、患病、进食等一一记录。

八、眼斑水龟和四眼斑水龟

［概　述］

眼斑水龟（*Sacalia bealei*），又称眼斑龟、四眼龟。成年龟甲长 14 厘米左右。头背皮肤光滑，灰棕色。头后两侧各有 1～2 对眼斑状花纹，有的头顶还有虫纹。与四眼斑水龟（*Sacalia quadriocellat*）相比，两对眼斑色彩不同，眼斑外满布黑色斑点。

两种水龟均生活于山区流溪中。生活习性、摄食习性与黄喉水龟相似。人工喂养下偏素食，不喜腥味过重的食物，喜欢吃甜食，尤其喜食香蕉。4 月底开始发情交配，5～8 月份为产卵期。眼斑水龟为我国特有种，分布于安徽、浙江、福建、江西、广东等地。四眼斑水龟除了我国，越南、泰国也有分布。

［生物学特性］

1. 形态特征

（1）**眼斑水龟**　体形中等，成年龟甲长 14 厘米左右。头背皮肤光滑，灰棕色，头、背均布满棕黑色或铁锈色虫状斑纹，头后两侧各有 1～2 对眼斑状花纹，有的头顶还有虫纹，2 对眼斑分界不清。背甲灰棕色，较平，具一纵棱。腹甲平坦，略与背甲等长，前缘平切，后缘略凹。四肢灰棕色，前肢外侧具若干大鳞。指（趾）间具全蹼，前肢 5 爪，后肢 4 爪。尾细。背面色深，腹面色浅。

（2）**四眼斑水龟**　头顶的 2 对眼斑界线清晰，背甲呈棕色，腹甲淡黄色并杂有黑色斑点。其他与眼斑水龟同。背甲长 10

厘米左右。头背平滑无鳞，灰褐色或黄绿色，有黑褐色虫纹；枕背两侧有 2 对眼斑，彼此界线清晰，雄性眼斑呈灰色，雌性眼斑呈黄色，每一眼斑中央有 1～3 个黑点；背甲略扁，灰褐色或红棕色，其上密布黑褐色虫纹。四肢较扁，指（趾）间具全蹼。

2. 生活习性

两种水龟生活于山区流溪中，生活习性、摄食习性与黄喉水龟相似。十分胆小谨慎。不是很喜欢阳光。通常趴在石头上，摄食时下水。喜欢温暖的环境，不喜死水。每年 4～5 月初，水温 15℃时少量活动，18℃左右时可见在水中游动。6～9 月间随温度的上升，龟活动范围增大，中午喜趴在岸边伸展四肢晒甲。10 月霜降后陆续进入冬眠。11 月水温 13℃时龟进入冬眠，对触摸、振动、刺激反应迟钝。翌年 1 月水温 10℃以下时龟进入深度冬眠，无排泄现象。冬眠时龟头缩入壳内，四肢、尾部均不缩入壳内，趴在池的深水处或岸边石缝、草堆下。到翌年 4 月中旬温度回升到 18℃时开始逐渐苏醒，时常睁眼微爬动，少数龟略有进食。

3. 摄食习性

两种水龟偏素食，不喜腥味过重的食物，喜欢吃甜食，尤其喜食香蕉。肉食喜欢猪肉、牛肉、羊肉，不喜欢鱼肉。喜食的动物性饵料有小鱼虾、蚯蚓、瘦猪肉、黄粉虫等，也摄食谷、麦、瓜果、蔬菜等，平时投喂动物性饲料与植物性饲料的比例为 8∶2 或 7∶3。

4. 繁殖习性

两种水龟 4 月底开始发情交配，发情时，雄龟常绕雌龟打转或在雌龟前面阻拦雌龟，不让雌龟爬动，待雌龟不动时雄龟即会从雌龟的后面爬到雌龟的背上，用前肢勾住雌龟的背甲前缘，伸直尾巴将交接器插入雌龟的泄殖腔内，交配后雄龟从雌龟身上滑下，交配多在岸边或水中进行。5～8 月份为产卵期，产卵时雌

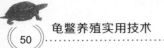

龟爬到岸边，用后肢在松软处交替掘穴，并将卵产在挖好的穴中，产完卵后再扒土将卵盖好，然后离去。

[人工饲养]

1. 人工孵化

受精卵的孵化方法与其他龟基本相似。可用木板制成长60厘米、宽40厘米、高10厘米，底部钻有小孔的孵化箱，在底上铺1层细沙，然后排放卵。动物极朝上，卵间距2厘米，卵排完后，再在卵上覆盖3厘米厚的细沙。孵化期间保持适宜的温度，每天洒水1～2次，经60～70天便可孵出稚龟来。

2. 人工养殖

稚龟孵出后应先在无水光滑的容器中自由活动几小时，待脐带干脱后再用8.5%食盐水消毒，然后置于浅水箱中饲养。保持水温25～30℃。2～3天后开始投喂。投喂的饲料要新鲜、可口，不投喂腐烂变质的、脂肪含量较高的大肠及蚕蛹等不易消化的饲料。可投喂蛋黄、绞碎的鱼虾、螺蚌肉以及蚯蚓等。每天投喂2次，每次投喂量以投喂后2小时内基本吃完为宜。

随着个体的长大，可将龟移到面积大些的水泥池中饲养，并降低放养密度。要及时清除池中的残饵，适时换水，保持水质清新。冬季要注意幼龟保暖，使之安全越冬。当水温15℃以下时，可用双层塑料薄膜覆盖池面。

3. 水质管理

两种水龟对水质十分挑剔，皮肤对水质十分敏感，因此，水质的好坏对其饲养十分重要。建议在饲养环境中放置过滤器，滤材选用麦饭石、生化滤棉、活性炭、火山石、陶瓷圈。水中每次换水后放置鱼乐宝，饲养器皿按时消毒。一般每月换水1次，每2个月消毒1次。春、秋季每5～7天换水1次，炎夏每2天换水1次，换水时应先排出池底含有残饵、粪便的污浊水，而后加入清新水，换进水与原池水温差不能太大，以不超过3℃为宜。

15～20天用生石灰化浆全池泼洒1次，以调节水质和消毒，消毒也可以用其他药物。

九、美国火焰龟

［概　述］

火焰龟与巴西龟、甜甜圈龟等彩龟属的龟一样，来自于美国。火焰龟与甜甜圈龟的基因比对极为相似，属于一个龟属当中的近亲。火焰龟以其漂亮的特有图案而闻名于世，犹如燃烧不断的上升火焰的标志性图案别具一格。相对于甜甜圈龟来说，颜色差异更大，观赏性更强。

很多人都觉得火焰龟的外观与巴西龟有一点相似，其实，它们都属于同一种属，但是火焰龟的价格相对要高一些，饲养方式与巴西龟一样简单。

［生物学特性］

1. 形态特征

火焰龟系小型水龟，背甲长仅10～25厘米，细腻光滑，呈扁平的椭圆形，色彩从绿色到黑色，部分还带有红色的斑纹。腹甲一般是黄色的，有时会夹带红色，有时又带有黑色到红棕色的图案，图案的大小和形状不定。火焰龟的皮肤为黑色到橄榄色，颈部、四肢和尾部长有黄色和红色的条纹，头部则有黄色的条纹。雄龟具有较长的前爪和粗长的尾部。而雌龟一般体形较大，前爪较短，尾巴比较短细。

2. 摄食习性

此龟身上花纹好似火焰上升，头部花斑也似火焰状。其生长发育快，每月增重30～40克，食性杂，饲料来源极广，饲养方式与普通龟相同，年产卵20～40枚。无异味，性格温驯，不打斗，胆子大，行动快。火焰龟集观赏、食用滋补、药用于一身。其肉质不但适口性好，而且含有丰富的蛋白质、多种维生素、矿物质和氨基酸，是老、弱、病、残者的理想补品。其药用价值很高，肉、甲、血等都可入药，具有补阴血、益精气、助痿弱之功效，可防治各种癌症、神经衰弱、贫血等慢性病和疑难病症。因此，火焰龟的售价很高，饲养火焰龟是致富的好门路。目前还只是引种阶段，其数量极少，远远不能满足市场需要，火焰龟10年内将供不应求。

3. 生活和繁殖习性

火焰龟活动性强，但不喜厮打，0℃以下会冻死，42℃时亦很活泼。只要饲喂好，每月可增重30～40克。每年6～7月份为繁殖期，每次产卵1～10枚不等。卵长径27.1～30.7毫米，短径13.9～16毫米。卵重3.55～5克。孵化期72～80天。

[养殖设备]

火焰龟既抗寒，又耐热，对饲养条件和环境要求都不高，只要有水和食物就能正常生长发育。用水缸、盆、水池都可以进行饲养。专业户应以建池养殖为好。用砖和水泥砌60厘米深的水池，其面积应根据龟的数量而定。新建的水泥池必须用清水冲洗并晾晒3～5天后再用。使用时池底需铺20厘米厚的泥沙，池外四周还要筑60厘米高的围墙，以防龟外逃。此外，在水池与围墙之间还需铺一层细沙，以供龟上岸活动和产卵之用。

[人工繁殖]

1岁左右的火焰龟性腺基本成熟，一般在5月初进行交配，6～9月进入产卵期，每年产卵分4次完成，每次产卵5～10枚。为了提高孵化率，可采用人工孵化的方法。待龟产完卵后，把卵收集起来，对准阳光观察，挑出内部红润的好卵，置于高10厘米、宽50厘米、长70厘米左右的孵化箱内，箱内铺6厘米厚的细沙，把卵摆好后再盖上4厘米厚的细沙，保持温度在25～32℃之间，每天洒水3次. 经过60～80天的时间即可孵化稚龟。

[饲养管理]

1. 幼龟饲养管理

对刚破壳的稚龟，应在其脐带干脱后用8.5%盐水消毒，然后置于水温25～30℃的水箱内，每日换水1次，2～3天后饲喂煮熟的小麦、小米、鸡蛋、南瓜等混合料，或喂切碎的龟肉、蚌肉、螺肉、动物内脏等，每天投喂2次，投喂量以少有剩余为宜，并要及时清除残料，以防水质败坏。冬季要注意保暖，使幼龟安全越冬。

2. 成年龟饲养管理

每年3月底4月初火焰龟从冬眠中苏醒过来开始活动，温度达到20℃开始摄食，在26～32℃时食欲最旺盛，火焰龟的食性较广，既食动物性饲料，也食植物性饲料，最适口饵料是小鱼、蚌肉、螺肉、蚯蚓等。为了降低饲养成本，也可喂些玉米、高粱、小米等谷实类饲料，但要以动物性饲料为主，以谷实类饲料为铺，以保证火焰龟的正常发育和健康。

每年的6～9月份是摄食活动的高峰期，增重速度也最快。因此，这4个月应该供以充足而质量较好的饲料，让其多吃快长。饲料中还要注意添加多种维生素、微量元素和钙，每天上午10时、下午5时按时投喂，喂量以龟体重的20%～30%为宜。为保持池水清洁，要经常更换池水，一般春秋两季每7天更换1次，夏季每3天更换1次，

当气温低于15℃时，火焰龟便伏于池底泥沙处，进入冬眠状态，此时不需要投食，也不需换水，但要注意保温工作，最好在水池四周盖上稻草，能用塑料薄膜覆盖水池则更好。

十、地龟（十二棱龟）

[概　述]

地龟（*Geoemyda spengleri*）又名枫叶龟、黑胸叶龟、十二棱龟、金龟，多分布在湖南、广东、广西以及东南亚、日本，属半水栖的龟类，体形较小，成体背甲仅长 120 毫米，宽 78 毫米。其头部浅棕色，头较小，背部平滑，上喙钩曲，眼大且外突，自吻突侧沿眼至颈侧有浅黄色纵纹。背甲金黄色或橘黄色，中央具 3 条嵴棱，前后缘均具齿状，共 12 枚，故称"十二棱龟"。腹甲棕黑色，两侧有浅黄色斑纹，甲桥明显，背腹甲间借骨缝相连。后肢浅棕色，散布有红色或黑色斑纹，指（趾）间具蹼，尾细短。

[生物学特性]

1. 形态特征

背甲雄性长 90～101 毫米，雌性长 87～114 毫米；背甲宽雄性 66.5～71 毫米，雌性 63.5～82.5 毫米，头较小；吻尖窄，不突出于下颚，外侧面垂直向下；颚缘平无锯齿。头顶平滑无鳞。背甲较平扁，前后缘呈强烈锯齿状，有 3 条纵棱，脊棱宽而明显；颈盾大，呈钟形，长大于宽；第一和第五枚椎盾五边形，第二至第四枚椎盾六边形；肋盾窄，几乎与相邻椎盾等宽；缘盾尖出，呈强烈锯齿状，略向上翻翘。腹甲较长大，后缘凹缺，雄性腹甲中央向内陷；无腋盾和胯盾。四肢覆有角质大鳞，鳞端尖出；指（趾）蹼不发达。雄性尾较粗长，雌性纤短，略宽扁，尾背有 8～17 对规则的扁平矩鳞，形成 2 纵行。

背腹甲以骨缝相接连，甲桥发达；腋柱和胯柱长而发达。内腹板为肱胸盾缝横截。背甲黄褐色，脊棱及缘盾外缘呈深色。腹甲黑褐色，其外侧黄色，甲桥黑色，头顶暗黄褐色或暗褐色，自嘴角到颈侧，以及由嘴角经鼓膜下方延伸至颈侧有 2 条平行的黄色纵纹，雌性明显，雄性较不显；雄性虹膜白色，雌性为暗红色；颏、喉及上颚缘有明显的黑点。四肢及尾暗褐色，缀有醒目的红、黑色斑点，尾背有 2 纵行扁平矩鳞，色浅。

2. 生活习性

地龟生活于山区丛林近溪流的阴湿地区。杂食性，以昆虫、植物的叶和果实为食。6～8 月为产卵期，每次产卵 2～6 枚。每个产季可以产卵 2～3 次。卵呈白色。孵化温度在 29～30℃条件下，孵化期 65～75 天。

3. 繁殖习性

地龟体重达 250 克左右时，性腺开始成熟，并有生殖能力。一般在 9～10 月间发情交配，翌年 6 月份开始产卵。

［养殖场地与设施］

地龟可池养、缸养或盆养。家庭和专业户饲养以建池养殖为好。场地应选择在泥沙松软、背风向阳、水源充足、不易被污染、僻静而有遮阴的地方。可用水泥和石头、砖筑建水池，池大小根据饲养的数量而定。在离池 1～2 米远的周围必须用石头和砖砌一道 50 厘米高的围墙，防止地龟外逃。水池中央应建一个小岛，供地龟活动和产卵。小岛到池边和池边到围墙的地面都应有一定的坡度，便于地龟上岸活动、摄食和产卵。池的进出口要设置铁丝网，以防龟外逃。池底和外围空地都应铺上 20～30 厘米厚的沙土，小岛和外围空地要栽种一些花草、灌木或葡萄等植物，以供遮阴避暑。

地龟是半水栖龟，不能进入水位超过自身龟壳高度的 2 倍的深水区域，否则，将有溺死的可能。一般饲养常见陆地面积超过水的面积，这是错误的，最基本也要一半浅水一半陆地。

[人工繁育]

为了提高孵化率，最好进行人工孵化。地龟产卵后，把卵收集起来，用长 60 厘米、宽 15 厘米、高 8 厘米的木箱，先在木箱底部放一层细沙，沙上摆上一层龟卵，在龟卵上再撒 2～3 厘米厚的细沙，然后放在室内孵化。孵化室的温度应控制在 24～28℃，定期喷水保持湿度，经过 65 天左右就能孵化出小龟。

[饲养管理]

1. 幼龟饲养管理

刚孵出的幼龟放入暂养池中暂养，每平方米放养 20 只左右，投喂蛋黄、小鱼虾等食物，日投喂量为龟体重的 2%～3%。经过 30 天左右的饲养，幼龟体重可达 10 克左右，这时就可转入成龟池中饲养。

2. 青年龟和成年龟饲养管理

青年龟和成年龟的饲养管理每平方米放养 10 只为宜，密度过高会影响其生长发育。气温低于 15℃时，地龟一般潜伏在池底泥沙里，不动也不摄食。当气温升达 24℃以上时，开始摄食。地龟饲料以小杂鱼、小虾、蚌、螺、蚯蚓、各种昆虫等为主，如缺乏饲料，也可投喂玉米、高粱、小麦等植物性饲料。每天投喂 1 次，投喂量为龟体重的 7%～10%。投喂时将饲料放在池四周，春秋季中午 12 时左右、夏季早晨 5～7 时投喂。

[饲养管理注意事项]

1. 水质调节

地龟喜欢在水质比较清新的水体内生活，春秋季每 10 天换水 1 次，夏季 3～5 天就要换水 1 次。

2. 敌害预防

老鼠、蛇、猫、狗、蚂蚁等是地龟的主要天敌，平时要严防危害，以免造成严重的经济损失。

十一、中华花龟（斑马龟）

[概　述]

中华花龟（*Ocadia sinensis*）又名斑马龟、台湾草龟、六线草龟、珍珠龟等，属龟鳖目、淡水龟亚科、花龟属。自然界主要分布于广东、广西、海南、台湾等地。

该龟头较小，头背皮肤光滑。背甲与腹甲以骨缝相连，甲桥明显。有鲜明的黄色细纵纹从吻端经眼和头侧，并沿头的背腹面向颈部延伸。在头和颈侧至少有 8 条黄纵纹。四肢及尾亦布满黄色细纵纹。

[生物学特性]

1. 形态结构

中华花龟体较大，背甲长 118～246 毫米，宽 104～178 毫米，高 56～1 100 毫米。

头较小，吻锥状，突出于上颚。鼻孔位于吻端略偏下处。上颚不钩曲，有一清晰的中央缺刻。颚缘呈细锯齿状。眼大，眼裂斜置。鼓膜圆。头背和颈部光滑，有细痣疣。

体较扁。背甲具 3 棱，脊棱明显，略断续。侧棱由每枚肋板的一个突起相连接而成。颈盾呈梯形或长方形。椎盾 5 枚，第一枚五边形，第二至第四枚六边形，宽均大于长。肋盾 4 对，呈不规则四边形。缘盾 12 对，两侧的缘盾微向上翻。各盾片均有同心纹及中心疣轮。缘盾的中心疣轮位于外侧后缘。肋盾的位于背上方。椎盾的位于后缘中线。

腹甲平，前缘平直，后缘凹入。腋盾及胯盾大。无下缘盾。各盾缝不平直。甲桥明显。四肢有横列的大鳞。指（趾）间满蹼，前肢5爪，后肢4爪。尾长，末端渐趋尖细。

头及四肢背面呈栗色，头的侧面及腹面色较淡。有鲜明的黄色细纵纹从吻端经眼、头侧并沿头的背、腹向颈部延伸，共计约40条，在咽部还形成黄色的圆形花纹。腹部淡棕黄色，每块盾片的中部有一栗色大斑。四肢及尾亦饰有黄色细纵纹。幼体缘盾的腹面具黑色斑点，似一粒粒珍珠，故又名"珍珠龟"。

台湾花龟与其他产地的有较大差别，但现未被承认为新亚种。

2. 生活习性

中华花龟性情温驯，一般不主动攻击同类，但在人工饲养的情况下经常出现大花龟咬伤小花龟，适应性广且生命力强，容易养殖。中华花龟喜栖息水中，受惊后即潜入水底，但也耐干旱，在无水之地也能生存。有群居性，一般2只穴居在一起，多时1穴有7～8只。高温季节白天较少活动，傍晚则活动频繁。气温低于20℃时基本不吃食，6～10月份为摄食旺季，11月份后食量渐减，直至进入冬眠。

3. 摄食习性

花龟属杂食性，以水生动植物为食。在人工饲养下，一般以动物性饲料为主，其食物有小鱼、小虾、蚯蚓、螺、玉米、高粱、南瓜、水草等。

4. 雌雄鉴别

雄性背甲较长，后部较窄，肛孔位于腹甲后缘较远，雌性背甲宽大，壳较拱，肛孔位于腹甲后缘较近。

[亲龟培育]

1. 亲龟池条件

（1）**水泥池** 结构面积以80～100米^{2}为宜，龟池池底坡度约25°，分三部分，下部为水深30厘米左右的蓄水池；中部为喂饵及活动场；上部为铺放粒径0.5～0.6毫米、厚度30～40厘米细沙的产卵场。龟池四周设50厘米高的防逃墙。有进排水系统，进排水口设防逃栏栅。产卵场上有顶遮阳、挡雨。水池中放水浮莲，占池面的 1/4～1/3。活动场上可种植部分花草植物。种龟池上拉一遮阳布，营造阴凉、安静的环境。

（2）土池　池面积以 1 000～2 668 米^2，池深 1.8 米，水深 1.2～1.5 米为宜。坡比 1:3，坡岸四周留 1～2 米宽的空地供亲龟活动，四周设 50 厘米高的防逃墙。池内每 1 000 米^2 设亲龟晒背台 4～5 个，每个 5～8 米^2；设饲料台若干个，饲料台与水面呈 15°～30° 倾斜，上半部高出水面 20 厘米。池中种植水草，面积占总水面的 20%～25%。在池边设产卵场，产卵场高出池水面 50 厘米，一般宽 1～2 米，长为池边长的 1/3～1/2，内铺放粒径 0.5～0.6 毫米、厚度 30～40 厘米的细沙，上有顶遮阳、挡雨。

2. 亲龟来源

亲龟宜选用野生或人工选育的非近亲交配、已性成熟的成龟，形态应符合各自所属种的分类特征，要求活泼健壮，体形完整、无病残、无畸形，体色正常、体表光亮，皮肤无角质盾片脱落，颈脖伸缩自如。年龄野生的 5 冬龄以上，人工培育的 4 冬龄以上，体重应在正常生长范围内。

3. 龟池、亲龟消毒

亲龟进池前要进行全面清池，杀灭池中存在的各种病原体。漂白粉浓度 20 克/米^3 或高锰酸钾浓度 15 克/米^3，或生石灰 150 千克/亩。

亲龟消毒常用的方法是高锰酸钾浓度 20 克/米^3 浸泡 8 分钟，或 3%～5% 食盐水浸泡 3 分钟。

4. 亲龟饲养

亲龟放养密度为水泥池 2～3 只/米^2，土池 1～2 只/米^2。雌雄性比为 2～3:1。

亲龟的饲料包括动物性饲料、植物性饲料和专用配合饲料。如鲜活的鱼、虾、螺、蚌、蚯蚓、畜禽内脏及南瓜、西瓜皮、青菜、胡萝卜等。动物性饲料和配合饲料要求无变质、无污染；植

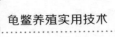
物性饲料要求新鲜、无药物残留；配合饲料粗蛋白含量不低于42%，脂肪含量3%～5%。

投喂的饲料应适口。动物性饲料和植物性饲料比例一般为7∶（3～8），产卵前应适量增加动物性饲料的投喂比例。

动物性饲料日投量为亲龟体重的5%～10%，配合饲料为1%～3%，具体投喂量根据水温、天气情况和亲龟的摄食强度及时进行调整，控制在2小时内吃完为宜。

水温15℃时，开始投饵诱食，每隔3天用新鲜优质饵料诱食1次；水温18～20℃时，2天投喂1次；水温20～25℃时，每天上午10时左右投喂1次；水温25℃以上，每天上午9时前和下午4时后各投喂1次。

饲料投在饲料台上高出水面2～3厘米处。

5. 亲龟培育期间管理

以换水或加水的方式调节水质，并定期全池泼洒微生态制剂改善水质。夏季高温时视水质、水温情况，适量加注新水。

每天早晚巡池2次，观察亲龟摄食、活动情况和水质变化情况；检查进排水及防逃设施，及时清除残饵、污物，保持龟池清洁；每天定时测量水温、pH值等水环境因子，做好养殖记录。

做好防寒防冻工作。翌年水温上升到15℃时，应及时投饲引食，恢复亲龟体力。

[产卵孵化]

1. 产　卵

花龟产卵季节多为4～8月。

产卵前，将产卵场的沙土翻松并消毒，疏通排水渠道，适量洒水，保持沙土手捏成团、松手即散为宜。

受精卵采收时间以上午6～8时或下午4～6时为宜，避免日晒雨淋。每天先检查产卵场，发现产卵痕迹时用竹签做好标记，48小时后待受精卵能分辨出动、植物极时再收集。收卵时动作要轻，避免大的震动或摇晃。

受精卵在卵壳中部有一明显的乳白色斑，未受精卵则没有。收卵时，先准备好放置 2.5 厘米以上厚度、含水分 7%～10% 细沙的塑料盆，将卵埋入沙中。

2. 受精卵孵化

（1）**孵化设施**　以泡沫箱、木箱或塑料箱作孵化器进行人工孵化，孵化器规格一般为 70 厘米×50 厘米×25 厘米。孵化房内安装控温仪等配套设备。

（2）**孵化介质**　有 3 种：粒径 0.5～0.6 毫米的河沙；粒径 0.3～0.7 毫米的蛭石；粒径 0.1 毫米左右的黄土。孵化介质经阳光曝晒后使用。

（3）**受精卵的摆放**　孵化器底部铺孵化介质 3～5 厘米厚，将受精卵平放，卵间距为 0.3～0.5 厘米，卵上面再铺孵化介质 2～3 厘米厚。

（4）**温度控制**　孵化温度以 28～33℃为宜。

（5）**湿度控制**　孵化介质中河沙及黄土的含水量（重量比）为 7%～8%。

（6）**孵化管理**　保持孵化室适宜的温、湿度和孵化介质的适宜含水量；及时清除坏卵，防止蛇、鼠、蚂蚁等危害；做好每日的孵化管理记录；临近孵化出苗时，疏松表层孵化介质，为出苗做准备。

［稚龟养殖］

1. 稚龟暂养

刚孵出的稚龟腹甲较软，宜放在光滑的陶瓷或塑料盆中用清水暂养，水深 1～2 厘米，注意经常换水，及时清除脱落的脐带。稚龟卵黄囊吸收完毕后，用新鲜鱼肉煮熟打成鱼糜，拌上鳗鱼饲料投喂，日投喂量占稚龟体重的 3%～5%，分 2～3 次投喂，暂养 5～7 天后，可选择健康的稚龟放入培育池养殖。

2. 稚龟质量要求

健康的稚龟应脐带完全脱落、脐孔封闭，体质健壮、活动灵敏、无病、无伤。

3. 养殖环境条件

一般为水泥池结构，池底具坡度，四分之三为水池，池深30厘米，水深10厘米；四分之一为陆地。龟池上方拉遮光布遮阳。水池中放水浮莲，约占水面的1/3，为稚龟提供隐蔽的地方。稚龟池面积5～50米^2，有进排水系统，进排水口设防逃栏栅。在稚龟入池前，龟池用15克/米^{3}的高锰酸钾浸泡全池消毒。

4. 稚龟消毒

稚龟入池前用20克/米^{3}高锰酸钾溶液或5毫升/米^{3}聚维酮碘浸泡消毒5～10分钟。

5. 放养密度

以100～200只/米^{2}为宜。

6. 饲养管理

稚龟以动物性饵料如鱼、虾、螺蚌、畜禽内脏等为主，植物性的瓜果、蔬菜及谷物等为辅，也可喂食蛋白含量45%左右的配合饲料。

日投饵量一般为稚龟体重的3%～5%；如是配合饲料，则为龟体重的4%～5%。

每天分早、晚2次投喂，做到定时、定量、定质、定点。

当气温、水温下降时，将室外饲养的稚龟移入室内水池加温继续饲养，保持水温在25～30℃之间。

[幼龟饲养]

饲养密度为80～100只/米^{2}为宜，规格为30～100克/只。饲养管理同稚龟。

[成龟饲养]

1. 养殖环境条件

（1）**水泥池单养**　水泥池的面积一般以 50～100 米^2 为宜。池深 1 米，水深 40～50 厘米。池可建成长条形，水面占 3/4，陆地占 1/4。陆地从常年水位线处以 30° 倾斜与水池相接，便于龟上陆地活动及摄食。食台设在陆地上。陆地上应有 50 厘米高的防逃墙。有进排水系统，进排水口设防逃栅栏。

放养密度在 2～3 千克 / 米^2。

（2）**池塘混养**　多为龟、鱼混养。池塘以 1～4 亩为宜，要求开阔向阳，水源充足，无污染。池塘一般为长方形，水池占 3/4，滩面占 1/4。滩面以 25°～30° 的坡度与水池相接，上铺 20～30 厘米厚的细沙。池塘四周留宽 1 米左右的空地，铺细沙 20～30 厘米厚。外围砌 50 厘米高的围墙防逃。在滩面与水池相接处设数个平台作饵料台。进排水口处设栅栏，防止龟、鱼逃逸。

放养密度可控制在 0.4～0.5 千克 / 米^2。

2. 养殖管理

（1）**水泥池单养管理**　每天投喂 2 次，早晚各 1 次。鲜活料为龟体重的 4%～5%；配合饲料为龟体重的 2%～3%。投喂做到定时、定点、定质、定量。

每月换水 1 次，同时用漂白粉 2 克 / 米^3 消毒。每天需认真观察龟的活动、取食情况，注意天气、温度、水质的变化。要适时加注新水或换水。发现病龟应及时拣出，及时诊断治疗。

（2）**池塘鱼、龟混养管理**　龟、鱼饵料分开投喂；勤巡塘，多查看，掌握龟、鱼的生长情况，防止鱼浮头、泛池；防范蛇、鼠敌害。

[病害防治]

日常防病措施包括：龟池彻底清淤消毒；投喂优质饲料；定

期用生石灰、漂白粉等对水体、饲料台、饲养工具进行消毒；定期在池中泼洒有益微生物制剂；发现病龟及时隔离，查明病因及时采取防治措施。

十二、绿 毛 龟

［概　述］

绿毛龟其实是指背上生着龟背基枝藻的淡水龟。因龟背上的藻体呈绿色丝状，并长达 25 厘米，在水中如被毛状，故称绿毛龟，古称神龟，历来享有"活翡翠""绿衣精灵""绿毛神龟""千年神龟"的美誉，它与白玉龟、蛇形龟、双头龟并称为中国四大珍奇龟。汉唐时，盛行养龟，许多文献对绿毛龟有详尽的记载，诸如："殷纣时太龟生毛""龟千年生毛，是不可得之物也。"在唐朝，绿毛龟被列为宫殿里的 5 大宝物之一，价值不菲，是极佳的观赏动物。

［生物学特性］

1. 形态特征

正宗的绿毛龟是将龟背基枝藻接种在黄喉拟水龟或平胸龟、眼斑水龟等龟体体表上，绿毛长度在 4～5 厘米以上。绿毛龟的"绿毛"就是绿缨丛毛状的基枝藻。毛中有金线，脊骨上有三条棱，底甲呈象牙色。其他龟饲养的时间长了长毛，但大多没有金线，底甲颜色也不同，为黄黑色。

2. 生活习性

绿毛龟在野外一般栖息于丘陵地带、半山区的山间盆地和水域，如河流、稻田及湖泊中，也常到附近的灌木及草丛中活动，白天多在水中戏游、觅食，晴天喜在陆地上，有时爬到岸边晒太阳。天气炎热时，常躲于水中、暗处或埋入沙中，缩头不动。怕惊动，一旦遇到敌害或晃动的物体，立即潜入水中或缩头不动。夜间出来活动、觅食。绿毛龟食性杂，取食范围广，喜食鱼虾、贝类、蜗牛、水草等食物，人工饲养一般投喂鱼、虾、肉或家禽的内脏。

绿毛龟每年的4月底至9月底活动量大，最适环境温度为20～30℃，15℃左右是龟由活动状态转入冬眠状态的过渡阶段。10℃左右龟进入冬眠。3月底，温度15℃左右时龟虽苏醒，但只爬动，不吃食，到4月份，温度升至20℃左右才吃食，冬眠后的龟，体重减轻50～100克。在池中饲养，水位可超过龟壳高度的2倍或更高些。但池中须设一个小岛，以供龟休息或晒太阳。

3. 雌雄鉴别

雄性龟个体重达250克性成熟，背甲较长，腹甲凹陷，个体大的凹陷愈明显，尾较长，泄殖孔离腹甲后缘较远。雌性个体重达300克性成熟，背甲宽短，腹甲平坦，尾短小。

4. 食　性

绿毛龟以动物性饵料（如昆虫、鱼虾、畜禽内脏下脚料等）占80%左右为宜，其余为五谷杂粮、果蔬均可。低温时摄食量减少，在25～28℃时最适宜生长，摄食量猛增，生长迅速。

5. 繁　殖

在自然界，绿毛龟的交配期为4～10月底，交配时间多在夜晚或清晨。交配前雄龟显得很兴奋，常尾随雌龟之后，以头部撞触雌龟的肩部，雌龟不动时，雄龟爬上雌龟的背，前爪勾住雌龟的背甲前缘，尾部伸出交接器，进行交配。产卵期为5～9月，7月为盛期，产卵时间多在夜晚。产卵前，龟先用后肢挖洞穴，洞穴口大底小，一般洞穴直径40毫米，洞深80毫米。然后将尾部对准洞穴，后肢伸出，脚掌张开接卵。卵产完后，又用后肢拨土，将洞穴填平。绿毛龟每次产卵1～5枚，卵呈白色，长椭圆形。卵长径40毫米，短径21.5毫米。卵重11.9克。

[饲养管理]

1. 场地、设备和工具准备

（1）**场地选择** 应选择宽敞、向阳、通风的地方，要求水源便利，环境安静，无空气污染。以宽敞的庭院最为适宜。场地四周应设置围墙，地面应平整，不积水，最好用砖铺设，并建有下水道。培育场上方应搭好遮阳棚，或种植葡萄、丝瓜、藤蔓等遮阳植物。另外，居室阳台、窗台等处也可作为培育绿毛龟的场地。一般来讲，培养 100 只绿毛龟大约需要 10 米^2 场地。

（2）**容器及工具** 容器可用塑料水桶、陶缸、玻璃缸、搪瓷缸、瓷盆等，要求内壁光滑、无瑕疵。其他工具，还包括洗龟的大水桶、毛刷、吸管、勺子、温度计、剪刀、梳子等。

2. 龟种选择

大部分淡水龟都可以人工育成绿毛龟，但最适宜的龟种是黄喉水龟、眼斑水龟。龟种质量要求活泼、健康无病、背壳底板完好无损、体重在 200～500 克。

3. 藻种选择

最佳藻种是龟背基枝藻，其藻丝体长而柔韧，呈鲜绿色，适应在水质清澈、水流缓慢的山溪或山涧中生长。这种藻耐温范围为 0～35℃。由于龟背基枝藻与基枝藻外观相似，很难分辨，为防止弄错，最好直接购买少量绿毛龟，或直接向信誉可靠的单位购买龟背基枝藻藻种。

4. 绿毛龟接种培养

（1）**接种季节** 一年四季均可接种，但以初春到初夏这段时间最为适宜。初春时期，龟尚处于冬眠阶段，几乎不活动，龟背基枝藻孢子易于着生，经过一个夏季的培育，绿毛长度可达5～7 厘米，当年可培育出合格的成品绿毛龟。

（2）**接种前准备** 在接种的前 5 天停止给龟种喂食，使其排出粪便和尿液。临接种前将龟种体表洗刷干净，清除油污，放入

8克/米³的硫酸铜液中浸浴30分钟，杀灭杂藻，然后取出放入清水中暂养。

在接种前2天，将保存的龟背基枝藻按所需量取出（一般培育1只绿毛龟需藻种3～5克），放入清水中反复洗涤，洗去附着的污泥、沙泥、水草、杂物和其他藻类的孢子。洗涤可用新的排笔或软毛刷刷洗，并用小镊子小心地将一些明显的大型藻除掉。洗涤后将龟放入清水中，并将盛有藻种的容器放置在阳光下照射加温，使水温保持在20～25℃。

接种前，应准备相应数量的接种缸（桶），并经过严格消毒处理。消毒可用10%食盐水、10%高锰酸钾或1%漂白粉液浸浴1～2小时，然后用清水反复清洗干净。

（3）接种方法

①靠近接种法　在同一容器中，用纱窗布隔成两半，一边放绿毛龟，另一边放接种龟。

②孢子水接种法　将养龟背基枝藻的水倒入接种龟的容器内。

③绿水接种法　把处理好的龟背基枝藻藻种从水中取出，用剪刀剪成约1毫米长的小段，放水、放龟接种。

④直接接种法　称取去皮切成小片的马铃薯20克、山薯粉20克、白糖5克，放入容器，加水1升，煮沸20分钟，冷却后过滤，滤液加入15克琼脂，加热融化，作为培养基。接种时，先将龟甲擦干。将培养基融化，稍冷却后用毛笔蘸取培养基在龟种的背腹甲上均匀涂上一薄层。趁龟甲上的培养基尚未完全冷却，用干净的毛笔蘸取藻种液均匀涂在培养基上。然后将龟分开饲养，在60瓦的日光灯下，保持水温20～25℃，不喂食，静置15～20天，即可看见龟背上长满短绒状的绿毛。此时可以移至室外正常养殖。

⑤快速接种法　又称混合接种法。集孢子水接种法、绿水接种法和直接接种法3种方法的优点于一体。用此法接种的龟背基枝藻长得既快又密。

（4）**接种后管理** 要防止接种藻用量过多，使水质变坏。如接种藻用量过多，可加水淡化或吸出底部污物。保持水温 20～26℃，水深 15～20 厘米。一般接种后 1 个月内不换水。龟种见毛后还必须注意以下日常管理：一是必须保持洁净的水质，二是保持适宜的温度和适当的光照，三是保持适量投饵，四是经常清洗龟体和绿毛。

十三、金头闭壳龟

［概　述］

金头闭壳龟是我国特有龟种。目前仅知分布于安徽南陵、黟县、广德和泾县等皖南地区。栖息于丘陵地带的山沟或水质较清澈的池塘内，也常见于离水不远的灌木草丛中。以动物性食物为主，兼食少量植物，会冬眠。产卵期为 7 月底到 8 月初，分两次产出，每次产 2 枚卵。有人用其培养绿毛龟。

在我国境内有分布 7 种闭壳龟，包括金头闭壳龟、百色闭壳龟、潘氏闭壳龟、云南闭壳龟、三线闭壳龟、马来闭壳龟（安布闭壳龟）、周氏闭壳龟，其中，前 4 种为我国特有种。云南闭壳龟仅存标本，几十年来尚未发现活体。周氏闭壳龟是否为我国特有还不清楚。除马来闭壳龟外，其他品种都非常少见。金头闭壳龟和潘氏闭壳龟很稀有，每只价格在 1 万元以上；三线闭壳龟现在人工养殖较多，龟苗每只在 8 000 元以上。目前金头闭壳龟繁殖仍然很少。我国已有一些人工饲养和繁殖金头闭壳龟的报道。因大多数龟主繁殖出龟苗后都会出售，故尚不清楚子二代繁殖状况。据一些龟主反映，龟苗已出现甲壳凹陷、背甲后缘外翻、体色变淡、盾片变异（椎盾、肋盾数目增加或减少）、尾部末端弯曲以及生长迟缓等现象。据推测，这些现象可能与金头闭壳龟近亲繁殖有关。

[生物学特性]

1. 形态特征

背甲黑褐色，隆起而脊部较平，中线有一明显脊棱，长 78～127 毫米（雄性），109～152 毫米（雌性）。腹甲黄色，左右盾片均有基本对称的大黑斑，其前、后甲以韧带相连，可完全闭合于背甲。肛盾沟最长，肱盾沟最短。头大小适中，头背平滑，吻略突出于上喙，上喙微曲，下喙短于上喙。四肢较弱，背面被以覆瓦状鳞片，前肢 5 爪，后肢 4 爪，指（趾）间蹼发达。尾较短，圆锥状，尾下被成对鳞片，正中有一纵沟。背甲黑褐色，盾沟及其附近色深，幼龟在第二对肋盾下缘有一棕红色小斑，成体在相应部位有一浅色斑；腹甲黄色，有几对呈对称排列的大黑斑。头部金黄色，头侧略带黄褐色，有 3 条细黑纹。

2. 生活习性

金头闭壳龟仅产于安徽省南部山区，生长分布区狭窄。主要栖息在水质清澈、两侧植被茂密或一侧山脚多石缝的山间溪流中，白天隐藏在石块或石板下、深水中，夜里外出活动觅食，为肉食性。每年的 4～11 月活动，11 月以后进入冬眠期。雌龟须在 10 岁以上性成熟，年产卵约 4 枚，孵化率约 50%。严格的生长、繁殖要求和繁殖力弱是其生存数量少的主要因素。

该龟于 1988 年首次被发现定名为新种。1992 年被列为安徽省一级保护野生动物。由于发现较迟，尚未纳入我国的保护动物名录。洪星乡境内的清溪河上游，杨家墩至杨林的香溪，杨家墩经同川桥到奕村的同川河，同川桥至大星村、林村的林溪都曾经有人捕捉过或极有可能分布金头闭壳龟，但自 2002 年发现 2 只后，再也未见其踪迹或报道。

3. 鉴别方法

金头闭壳龟是我国特有的一种珍稀龟类。该龟体色艳丽，性格温和，很受龟类爱好者青睐，然而由于它数量稀少，分布范围窄，长期的盗捕和走私使其濒临灭绝。现在金头闭壳龟野生的已极稀少，人工繁殖的也不多，因此目前市场上价格比三线闭壳龟还要贵。

在购买时应掌握金头闭壳龟的如下特征：

头部为纯金黄色，整个头部没有杂色。

背甲中间第二、三、四或五的盾片呈棕红色，即比背甲其他盾片的颜色要浅。

腹甲为黑色，有"米"字形纹，腹甲四周呈浅黄色。

肛门四周呈黑色圆环。

以上特征是金头闭壳龟区别其他6种闭壳龟的主要特征，以上4个特征缺一不可，否则就不是金头闭壳龟。

4. 性成熟判定

雄龟通常只要体重达到120克以上，即已性成熟，会出现追逐雌龟的行为，但优良种龟则需达到150克以上。北方饲养者多反映雄龟即使体重达到或超过150克，也没有求偶行为，这是因为北方冬季温度过低，饲养者通常都采用加温饲养法，龟无法进入冬眠状态，并且不断进食。科学研究表明，未冬眠的龟，其内分泌系统会紊乱，造成促性腺激素少分泌或不分泌，这样便造成龟体重不断增加，而性腺却发育迟缓或不发育的情况，所以龟体重达到甚至超过150克后仍不发情。

[繁殖习性]

每年4、5月和9、10月是金头闭壳龟雌性的发情期，雄龟在除冬眠期以外的任何时间都可发情，但交配成功的关键在于雌龟是否发情。由于雌龟的体形远大于雄龟（成年雄龟最大300克左右，过度肥胖除外），若雌龟拒绝交配，公龟是无能为力的，但交配总是雄龟主动，并总是发生在水中。雄龟发情时，往往伸长脖颈慢慢游向雌龟，接近时突然翻爬到雌龟背上，四肢伸长，牢牢抓住雌龟背甲前后缘，头颈极力前伸并张嘴咬住雌龟颈部或头部皮肤，甚至咬到皮破血流的程度，仍不松口。而此时雌龟惊慌地左躲右闪，尽力想把雄龟掀下身来，但雄龟紧紧地抓附其上，丝毫不放松。若雌龟未发情，则会一直挣扎下去，直到雄龟力竭身退，这一过程可以长达 45 分钟以上；若雌龟发情，则挣扎仅持续几分钟，然后雄龟便会松口，身体后移，直到尾基部对准雌龟的泄殖腔，伸入阴茎，开始交配。此时雄龟不得不松开前肢，但后肢仍紧紧扣住雌龟背甲后缘两侧，身体斜立水中，借助浮力保持平衡，进行交配。雌龟则伏于水底，伸长脖颈，头僵硬地扭向一侧，似乎因动情而陶醉。这个过程可持续 5～10 分钟，此后雌龟会以后腿把身后的雄龟蹬开，并游走。雄龟被蹬开后往往阴茎仍露在体外，有时还从雌龟体中带出少量精液，但几秒钟后，阴茎便会自行收回体内。雌龟的发情与饲养条件如阳光是否充足，水源是否充分，食物中的蛋白质、钙质及多种维生素是否丰富，以及整体的饲养环境是否足够大有关。

据观察记录，饲养的金头闭壳龟产卵日期最早为 6 月 16 日，最迟为 7 月 17 日。每年产 1 窝，但有时 1 窝蛋较多，会分 2 次产出，其间间隔 15～20 天。雌性亲龟一般在产卵前 2 周左右开始食量明显下降或完全停食，白天基本蜷伏不动，傍晚起则会四处爬动，寻找合适的产卵场。在真正产卵前，还有数次掘洞后离去而并不产卵。可能是因为场地不理想或受到人为干扰。一般在亲龟产卵后翌日早晨把卵取出，卵穴深度一般在 12 厘米左右，有时甚至达到 15 厘米，穴中的卵姿态各异，横卧、直立或斜立的都有。龟卵（初产卵除外）长径 41～53.2 毫米，平均 44.67 毫米；短径 19～24.2 毫米，平均 22.83 毫米；卵重 11.8～16.4 克，平均 14.47 克；受精卵和未受精卵并无明显差别。

[卵的孵化]

龟卵从产卵处取出后即入孵化箱开始孵化，孵化介质以黄沙为好，人工孵化时把卵横卧，间距 2 厘米左右，其上覆盖 10 厘米厚的湿润黄沙。而孵化成功的关键便是温度与湿度。当恒温28℃时，65天左右可孵出稚龟；32℃时，60天左右便可孵出。孵化期间，湿度基本上控制在40%～70%之间。相对来说，金头闭壳龟的孵化较乌龟而言难得多，夭折概率较高，其原因至今不明，尚需进一步观察研究。金头闭壳龟是国产观赏龟类中的珍品之一，体态高贵，色彩亮丽，适应性强，在市场上难得一见，求者甚众，但其野生资源几近枯竭，亟须保护，人工繁殖是合法可行的唯一途径。

[人工养殖]

1. 饲养密度

室内、室外饲养密度相同，一般每平方米场地和水面放养成龟（200克以上）3～4组（每组1雄2雌），小龟10～20只，幼龟15～30只，稚龟30～50只。

2. 饲　料

金头闭壳龟饲料包括小鱼虾、贝类、蚯蚓、蚕蛹、飞蛾、昆虫、蛙类以及一切动物肉和内脏，配以五谷杂粮、果蔬及浮萍，生熟均可。大块的要切碎，污物应洗净。五谷杂粮生喂时，要事先浸泡变软。

日常投喂以虾、鱼、猪肉为主，也可喂面包虫、蚯蚓、蝗虫等。在自然界，金头闭壳龟虽以动物饵料为主，但人工饲养条件下，为确保龟体内营养物质的平衡，应定期投喂一些西瓜皮、苹果、米饭等，或直接投喂一些维生素C、复合维生素等营养药物。春秋季节每星期投喂3～4次，投饵时间一般在清晨、傍晚，初春、深秋季节则宜在中午。

3. 日常管理

金头闭壳龟最适宜温度为25℃，15℃时偶尔少食，10℃以下冬眠；35℃时，会出现夏眠状态，烦躁不安，有停食现象，开始进入"夏眠"。

因此，在日常饲养中，要注意观察环境温度变化，最好建立饲养记录，以积累资料，掌握龟的生活规律和对温度以及饵料的要求。初春、深秋季节换水，应注意水的温差一般不宜高于3～4℃，换水最好在喂食前进行。

每年11月初，由于温度的下降，龟逐渐进入冬眠，这时应将饲养缸内铺垫上7～8厘米厚的潮湿沙土，置于室内朝阳处，使其自然冬眠。翌年的3月下旬，温度回升到18～19℃左右时，龟开始进食，初次喂食应少而精，尤其在喂食后，环境温度不得低于15℃，否则将引起消化不良等症。随着温度的逐渐升高与稳定，可相应增加饵料投放的数量，并定期投喂一些抗生素类药物，50克以下的幼龟还应投喂少许的钙，以防骨质软化症。

十四、周氏闭壳龟

[概　述]

周氏闭壳龟属淡水龟科、闭壳龟属，又称黑龟、黑闭壳龟。分布于我国广西、云南，国外无，是珍稀的闭壳龟种。周氏闭壳龟是由南京龟鳖自然博物馆创建人周久发先生于广西凭祥采集到标本，后经中国科学院成都生物研究所赵尔宓院士鉴定，确定为新种，并命名为周氏闭壳龟。

[生物学特性]

1. 形态特征

周氏闭壳龟背甲黑色或土黑色，卵圆形，中央有或无嵴棱，无侧棱，背甲前缘不呈锯齿状，第9～11缘盾之间微呈锯齿状，左右臀盾间有极小缺刻，缘盾的腹面为土黄色，散有不规则的黑色斑，背甲各盾片均无同心圆纹；腹甲褐黑色，胸、腹及股盾中央有较大的土黄色斑块，胸盾与腹盾间借韧带相连，腹甲前缘平，后缘圆，肛盾处较窄，中央有较大缺刻，腹甲各盾片均无同心环纹；无甲桥，背甲与腹甲间借韧带相连；有1枚极小的腋盾，无明显的胯盾。

头部较窄，为淡灰白色，顶部无鳞，皮肤光滑，吻尖而端部圆钝；上喙钩曲，虹膜黄绿色，鼓膜浅黄色，自鼻孔经眼部达头部后端有1条淡黄色的细条纹，自眼后达头部后端有1条淡黄色的细条纹，2条细条纹的边缘嵌以橄榄绿线纹；颈部皮肤布满疣粒，背部、侧部橄榄绿色，腹部浅灰黄色；四肢略扁，背面橄榄绿色，腹面浅灰黄色，指（趾）间具丰富的蹼，爪发达，前肢5爪，后肢4爪；尾适中。

2. 生活习性

野生周氏闭壳龟的生活习性尚未有记录。从形态特征推测，该龟生活于山区及山涧溪流、小河处。在人工饲养条件下，周氏闭壳龟喜生活在水中，当环境温度在20℃以上时，能正常吃食；15～19℃时少动，有时吃食，有时停食。野生的周氏闭壳龟食性尚未有记录。在人工饲养条件下，周氏闭壳龟采食瘦猪肉、鱼肉、家禽内脏、小昆虫等，未见食植物性食物。周氏闭壳龟在14℃以下停食；10℃左右冬眠；当环境温度在5℃以上时，能正常冬眠。

周氏闭壳龟的繁殖方式为卵生。

3. 分布范围

野生周氏闭壳龟主要分布于广西和云南等省份。

4. 鉴别方法

（1）背甲形状 闭壳龟是生活于淡水区域的水龟。因长期生活于水域中，其背甲中央略扁平，且背甲呈长卵圆形，但仅有安布闭壳龟例外，它的背甲中央隆起程度高于其他6种闭壳龟，似一个圆形的面包。

（2）背甲颜色和花纹 7种闭壳龟中，三线闭壳龟的背甲最为特殊，其背甲呈淡棕红色或橘红色，背甲中央有3条纵条纹，这3条纵纹是区别于其他6种龟的重要辨别特征。金头闭壳龟和潘氏闭壳龟的背甲颜色较相似，呈绛褐色或绛棕色，无任何斑纹。安布闭壳龟、周氏闭壳龟和百色闭壳龟的背甲呈黑色、青褐色或褐色，无任何斑纹。云南闭壳龟背甲呈棕灰色，也无斑纹。

（3）腹甲颜色和斑纹　7种闭壳龟的腹甲有的呈单一黑色或淡黄色，无任何斑纹，也有的腹甲上以黑色或黄色为主夹杂着不同颜色、不同形状的斑纹。这些特征是辨认7种闭壳龟的重要标志之一。

若腹甲呈棕色或浅黄橄榄色，边缘黄白色，鳞缝暗黑色或黄橄榄色，在各腹盾上有浅红棕色污斑，则为云南闭壳龟。

若腹甲呈淡黄色，且每块盾片上有大小不一的圆形黑色斑点，则为安布闭壳龟。

若腹甲以淡黄色主，且每块盾片连接缝呈黑色宽条纹，则为潘氏闭壳龟。

若腹甲以淡黄色为主，且每块盾片上有粗细不一的黑色条纹，形似梅花状，如其头部为金黄色，则肯定为金头闭壳龟无疑。

若腹甲为全黑色，无任何颜色斑纹，则是三线闭壳龟。

若腹甲以黑色为主，在腹甲中央有淡黄色呈三角形的斑纹，则为周氏闭壳龟。

若腹甲为黑色，腹甲前缘和腹甲周围有淡黄色的斑纹，则为百色闭壳龟。

在鉴别周氏闭壳龟时，应结合上述各个特征综合运用，才能准确无误地辨认周氏闭壳龟，确保正确选种。

［人工饲养］

1. 稚龟饲养

周氏闭壳龟稚龟刚出壳需暂养。刚出壳的稚龟比较娇嫩，不宜直接下池，可先让其在细沙上自由爬动，待脐带干脱收敛后，躯体由卷曲变为平直时，再将其放入室内盆、皿中暂养。头一两天因卵黄尚未被吸收尽，不需摄取外界营养。2 天后开始投喂水蚤蚯蚓、熟蛋黄，一日投喂 2～3 次，每次以吃饱和下次投时无剩余为度，过 2 天后开始投喂绞碎的鱼、虾、螺、蚌等。每天换水，保持盆内清洁。

室内暂养几天后，就可转入稚龟池饲养。入池前要用药物消毒。放养密度每平方米 50～80 只。饲料要求精、细、软、鲜，以动物性的鱼、虾、螺、蚌、畜禽内脏等为主，辅以植物性的瓜类、蔬菜及麦麸等。有条件的最好投喂蛋白质含量在 40% 左右的人工配合饲料。投喂应做到"四定"，定时、定位、定质、定量。每天早晚各喂 1 次，气温较低时每天喂 1 次。要经常换水，每天换 1～2 次。

2. 成龟养殖

（1）喂食 人工饲养条件下，周氏闭壳龟食动物性饵料。日常投喂瘦猪肉、家禽内脏等食物。当环境温度在 22℃ 以上且夜间温度在 20℃ 以上时可喂食，每天或每 2 天投喂 1 次，深秋季节温度不稳定，应提早停食，环境温度 20℃ 时即可停食，否则龟易患消化不良症。

（2）日常管理 准确掌握水温及饲养方法，是养好周氏闭壳龟的关键。

周氏闭壳龟能长期生活在水中，故只有准确掌握水温，才能使龟健康地生长。当水温达 22～27℃ 时，是周氏闭壳龟的最佳适宜温度；当水温为 27℃ 以上时，周氏闭壳龟有少动、少食的现象；当水温在 15℃ 左右时，周氏闭壳龟有冬眠的迹象。身体健康的周氏闭壳龟应让其自然冬眠。

水质的好坏直接影响周氏闭壳龟的健康。新引进的龟切忌直接放入新鲜自来水中饲养，应放入已沉淀后的水、井水或河水中，适应后方可换自来水饲养。春、秋季喂食后 2～3 小时内换水，夏季喂食后 1 小时内换水，确保水质干净。

冬眠前，必须检查龟的身体状况，包括体质、寄生虫、粪便。

健康的龟才能冬眠。冬眠时，龟可直接放在水中，但水位不能超过龟的背甲。冬眠期，每月换水 1 次，经常检查龟的各种情况。

十五、锯 缘 龟

[概 述]

锯缘龟俗名八角龟（*Pyxideamouhotii*），适合生长温度范围 23～28℃。我国分布于湖南、广东、广西、海南、云南。国外分布于越南、泰国、缅甸、印度。生活于山区的丛林、灌木及小溪中，几乎不会进入深水区域活动。喜暖怕寒，当环境温度在 19℃时进入冬眠，25℃时正常进食。

锯缘龟是生活在我国南方山区的一种龟类，不过在北方的市场上也很容易看到，其背甲的边缘呈锯齿状，一共有 8 个齿，所以又叫八角龟，这也是它最大的特点。注意不要将其和枫叶龟搞混，枫叶龟的边缘有 12 个锯齿，个体也要小得多，很多小贩在出售的时候会用锯缘龟冒充枫叶龟，掌握这个辨别的小窍门就不会被骗了。锯缘龟没有华丽的外表，不过它独特的个性弥补了外表的不足，是很活泼的龟类，与人的互动性很强，非常可爱。锯缘龟虽然没有黄缘盒龟的人气高，但由于价格便宜，也有不少人在饲养，在食用和药用市场上数量很多。

[生物学特性]

1. 形态特征

成龟背甲长 14～18 厘米，宽 9～12 厘米，壳厚 5～7 厘米。头部适中，背部为灰褐色，散有蠕虫状花纹，眼后至额部有镶黑边的窄长条纹，上喙钩曲，眼较大。背甲为棕黄色，较隆起，上有 3 条嵴棱，前缘无齿，后缘具 8 齿。腹甲黄色，边缘具不规则大黑斑。

成体背腹甲之间及胸盾与腹盾之间有韧带发育，仅腹甲前半部可活动闭合于背甲。无腋盾及胯盾。尾短，四肢具覆瓦状鳞片，趾（指）间具半蹼。头前部平滑，后部具不规则的大鳞；吻端钝圆、上喙略钩曲。3条嵴棱间的背甲部分较平坦，正中钝圆，两侧几成直角向下，微向外斜达甲缘，背甲后缘呈明显锯齿状；有长而窄的颈盾，或者无。腹甲大而平坦，前缘平切，后缘缺刻深；甲桥处无腋盾及胯盾。背腹间及胸腹间具不发达的韧带；腹甲仅前半可活动，龟壳后缘不能完全闭合。前臂鳞片宽大，掌趾部有扁平大鳞；指（趾）间半蹼。尾短。尾基部及股后方有锥状鳞。头背灰褐色，散有蠕虫状纹，眼后至颞部有镶黑边的窄长白纹；背甲棕黄色，缘盾上有棕黑斑，腹甲黄色，边缘有不规则黑斑，四肢及尾棕灰色。

2. 生活习性

锯缘龟生活于山区的丛林、灌木及小溪中，几乎不会进入深水区域活动。它喜暖怕寒，当环境温度低于19℃时进入冬眠，25℃时正常进食。食性为杂食性偏动物性，尤喜食活食，如蝗虫、黄粉虫、蚯蚓等，搭配适量果蔬。

3. 雌雄鉴别

雄性尾较长，且尾基部粗壮，肛孔距腹甲后缘较远，腹甲中央略凹，眼睛多为黑色；雌性体形较大，尾短，肛孔距腹甲后缘较近，腹甲中央平坦，眼睛多为橘红色。

［人工养殖］

1. 养殖方式

锯缘龟是偏陆栖的半水栖龟类。饲养时可饲养在木箱、池及玻璃器皿中。器皿中铺垫潮湿沙土和栽植些野草及摆放些碎石等。若放水，水位的高度不可超过龟背甲高度的一半。在饲养环境上，可以水苔或无菌土为底材，铺上一些枯叶并准备一个龟巢，再加上一个水盆即可。灯光不需要太强，因为该龟野外通常在林荫深处活动，有典型的箱龟习性，需要 80%～90% 的空气相对湿度；但是如果长期养在室内，UVB 灯还是不能少的。

锯缘龟喜生活在潮湿地带，故其身上易有各种寄生虫，常见的一种为螨类，大多寄生在龟的腋窝、胯窝、颈窝等处，因此，对新购的龟，首先检查并消除寄生虫，以防传播。

雌雄的辨别在幼龟时期并不容易，成龟则容易分辨。雄龟的尾巴比较粗大，雌龟比较短小；雄龟的眼睛是黑色或褐色的，而雌龟的眼睛则是橘红色的。要注意的是，雄龟在繁殖期会追逐雌龟，并有暴力倾向，会咬雌龟的足与头，有时会造成伤害，所以最好多养几只雌龟以分散雄龟的注意力。也可只养一只雄龟以免发生争斗。

雌龟每年产卵 2 次，每次可产 4～6 颗卵，60～75 天可以孵化。

幼龟体色偏红，特别是腹甲的边缘都是橘红色的。

来自国内的龟种绝大多数是野生个体，因为采集与运送过程中的紧迫，多数都有拒食的现象，养活难度较高，但是锯缘龟因为个性较活泼外向，一般无拒食现象，是很适合的入门龟种。这种中小型的箱龟算不上是热门龟种，也不太受到注意，但它的独特性颇值得欣赏。

2. 投　喂

锯缘龟为杂食性，主要以昆虫、甲壳类等动物为食，植物的茎叶与果实也能接受，在人工环境下可以喂食蔬果、面包虫与蟋蟀。它喜食活的小昆虫，平时投喂蚯蚓、面包虫（黄粉虫），并搭配果蔬类饵料。春、秋季可适当增加投喂量，每周 3 次，对于体弱的龟还应在饵料中拌入适量的多种维生素片，并定期检查其健康状况。

夏季温度高于 32℃时，龟即进入夏眠。这时，应防止太阳直射，并采取相应降温措施。降温宜逐渐降低，让龟有适应的过程。此时龟不食，不必强行喂食，待天气转凉再投饵。冬季来临前，应给龟进行全身检查，不健康的龟可进行加温饲养，以增强体质。健康的龟进入冬眠后应停止喂食，以免食后温度变化而引起龟的肠胃不适。龟在正常情况下具有耐饥耐渴的能力，即使4～5个月不喂也不易饿死。

3.饲养注意事项

（1）干养　锯缘龟的壳相对而言没有黄缘龟和安布闭壳龟结实，与黄额龟、枫叶龟差不多，但后两者都比锯缘龟要亲水。锯缘龟龟壳的颜色斑驳，加上手感相对偏软（尤其是腹部），有时候用指甲都能抠出印来，所以早期的腐甲较难发现。腐甲大多数是龟长期泡在水里的结果。相对而言，锯缘龟可能是最偏向陆地的半水龟之一，虽然在野外栖息地它可能也待在烂泥里，但烂泥和水并不完全等同。因此为了防止锯缘龟腐甲，完全可以对其像陆龟一样饲养，白天只放水盆，晚上泡个澡。

（2）日晒　如果长时间不晒太阳，锯缘龟容易出现爆壳现象，适度晒太阳对它有好处。

（3）喂食　锯缘龟是杂食性。但很多人倾向于喂其高蛋白的昆虫和肉类，同时补钙不足，导致生长过快、甲壳不结实。对于那些蛋白质含量很高但缺乏钙质的昆虫不要多喂。这是因为摄取蛋白质越多，骨质中流失的钙质也越多，另外如果食物中酸性物质比例太高，为了保持血液酸碱平衡，维持弱碱性，骨质必然要抽取更多的钙质。因此要定期给它补充钙质及各类维生素，不光是锯缘龟，其他品种也是如此。

十六、缅甸陆龟

［概　述］

缅甸陆龟，英文名 Elongated tortoise，属爬行纲、龟鳖目、陆龟科。该龟生活环境主要是热带和亚热带山地、丘陵地区，耐热性强。主食植物性的饵料，以植物的茎、叶、果实等为食。

[生物学特性]

1. 形态特征

成龟背甲长 20 厘米以上，最长可达 40 厘米左右。头中等，头顶具 1 对前额鳞及 1 枚大的常分裂的额鳞，其余鳞片小而无规则；吻短，上颚具有 3 个锯齿。鼻孔处为粉红或淡黄色。背高而甲长，前后缘不呈锯齿状。有一颈盾，脊部较平；臀盾单枚，向下包。腹甲大，前缘平而厚实，后缘缺刻深。四肢粗壮，前肢扁圆，后肢圆柱形；前肢 5 爪；指（趾）间无蹼，适于陆地行走。表面有大块鳞片，呈灰褐色。尾短，其端部有一爪状角质突，雄性发达。头淡黄绿色到灰白色，体淡黄褐色，每一盾片有不规则的黑色斑块（个别无斑块）；四肢覆盖鳞片，鳞片呈黄绿色到黄褐色，有不规则黑色斑点。

由于缅甸陆龟的体色、体态多变，所以往往被饲养者或商家区分为所谓的"亚种"，但其只存在地域差异，在动物学上并不能划分亚种。该龟在国内的市场统货一般按产区分为两种，即越南和泰国、缅甸两个主产区。越南产区的缅甸陆龟成体体形较长，头色不甚鲜亮；而泰国、缅甸产区的则显得丰腴，头色黄绿色明显。

2. 雌雄鉴别

体重 500 克左右可鉴别性别。雌性龟的腹甲中央平坦，无凹陷，尾短，泄殖腔孔距腹甲后部边缘较近；而大多数雄性龟的腹甲中央凹陷（500 克时的雄龟未发育完全，腹甲大多不凹陷），年龄越大的腹甲凹陷的程度越大，尾长且粗壮，泄殖腔孔距腹甲后部边缘较远。在繁殖季节，雌、雄龟的眼、鼻周围的壳趋向粉红色，爪呈灰色。

3. 分布区域

缅甸陆龟在我国仅分布于广西、云南地区，主要生活在山区和丘陵地带。虽然在其他省市的农贸市场、宠物市场上常有出售，但一般并不产于本地，大多数是从东南亚地区进口。在世界其他地区，主要分布于印度东北部至中南半岛、马来半岛地区，包括尼泊尔、印度、泰国、越南、马来西亚、孟加拉国、缅甸和柬埔寨等国。

4. 生活习性

缅甸陆龟喜暖怕寒。在人工饲养条件下，喜欢在沙土上爬动，白天活动少，夜晚活动多。当环境温度为 22～33℃时，活动量、进食量较大，17～20℃时，仅食少量食物，活动也少。当 12～15℃时，摄食很少或不摄食，较多摄食有消化不良现象。每年的 6～9 月为活动、摄食旺盛时期。8 月遇长期干旱后，突然下雨，缅甸陆龟喜在雨水中爬行，显得非常兴奋，有的低头饮水，有的停在沙土上。若遇黄梅季节，连续阴雨数天，则多数栖息在人工建的洞穴或遮阳篷下。11 月下旬，气温降低，缅甸陆龟的活动缓慢，有的数天未见爬动，温度低于 14℃，进入冬眠状态，若长期处于 5～7℃低温，易患病。翌年 3 月末，气温达到近 20℃时，国内产地的缅甸陆龟出蛰，19℃时已能正常摄食，且消化正常。

缅甸陆龟有固定的栖息场所，若将其移到距原栖息场所数米远处，第二天清晨缅甸陆龟仍在原地。家养条件下缅甸陆龟较其他龟类温驯，未发现互相撕咬，但有抢食现象。在原生环境下，缅甸陆龟爬动较为迅速，相互之间有撞壳的行为。

缅甸陆龟适应力较强，喜欢吃瓜果、蔬菜等植物，香蕉、番茄、柑橘等对其诱惑较大，在野外，缅甸陆龟还吃花、草、野果、真菌、昆虫、节肢动物和软体动物。在人工饲养下，可作为主食的有莜麦菜、白菜叶、上海青、地瓜叶、蒲公英、桑叶及香麻叶等；番茄、香蕉、苹果、米饭、鲜玉米、车前草、黄瓜、豆角、香瓜、西瓜皮等可少量喂食，但是不能作为主食投喂；喂食草酸含量过高的食物对缅甸陆龟的代谢不利。可定期喂动物性食物，如瘦肉、蜗牛等。

5. 生活环境

缅甸陆龟栖息于山地、丘陵及灌木丛林中。

[繁殖习性]

缅甸陆龟一般在5月开始交配，7～8月是交配旺季。雄龟发情时，尾随雌龟，当雌龟停歇时，雄龟及时绕到雌龟前方，伸长头颈，不断地上下点动，并不时地用嘴触动雌龟的头，阻止雌龟爬动，并爬到雌龟的背甲，前肢悬空，后肢落地，用尾部抬动雌龟的尾，雌龟后肢略抬起，进行交配。交配时间持续6～10分钟。雄龟之间争夺配偶以及雌雄龟之间都会发生撞壳现象。

在人工饲养条件下，缅甸陆龟于6月、7月、9月、11月产卵。卵白色，长椭圆形，壳较其他龟壳厚，每次产蛋5～10枚，少数可达十数枚，1年产蛋1～3批。卵长径43～48毫米，短径34～37毫米。卵重28～38克。

[人工养殖]

1. 挑 选

一只健康的缅甸陆龟可从以下几方面进行选择。

（1）**精神状态** 龟活泼好动，拿在手里不怕人，用力挣扎，四肢乱动，不会蜷缩在龟壳里，眼睛有神，眼球上无白点和分泌物，无红斑。

（2）**龟甲** 龟甲完整，无缺陷，无松动，按压无液体渗出，近距离闻无臭味。腐甲和内伤最主要的差别就是后者龟甲不会软，挤压没有流液，更不会有海鲜的腐败味。

（3）**口腔及鼻孔** 将龟竖立，用硬物将龟的嘴扒开检查。舌表面呈粉红色，无白斑点。口腔无溃疡，无黏液。鼻孔通畅，无黏液。

（4）**活动** 龟四肢有力，拉伸有力，爬行时能将自身支撑

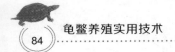

起，爬行稳健，摇晃龟身，头不会随摇动而左右摆动。

（5）**进食**　用食物可以引诱龟立刻进食，不大量饮水（将头长时间放在水盆中饮水）。

（6）**肥瘦**　一般健康龟颈部两旁的肌肉饱满，肉感突出；病龟则凹陷下去，手摸无肉感。用手拿龟，感觉较重。

（7）**外观**　龟身上无寄生虫，表面无伤口，四肢指甲全，无溃疡。

（8）**粪便**　正常粪便为长条圆柱形，深绿色，肛门清洁，无大便黏附。

2. 饲　养

缅甸陆龟适应力较强。成龟（体重1500克以上）或亚成龟（体重500克以上）较幼龟（体重400克以内）易饲养。新引进的龟一般不主动进食，需经一段时间的驯化后方能主动觅食。

首先，将龟放入大小适宜的纸箱或木箱里，移至安静处，使其适应新的环境，同时观察龟的粪便。之后，需要进行数天的静养，在环境温度为20～30℃时，每天将食物放在龟嘴前方，食物最好是香蕉、柑橘、番茄，因为香蕉、柑橘有香味，番茄是红色，易引诱龟进食，且大多数缅甸陆龟喜食这些食物。若环境温度低于20℃时，可加温或使其冬眠（健康龟）。对连续3～4周拒食的龟采取暗养，2个月拒食的龟采取填食。填食方法：将龟竖立，用镊子掰开其嘴，将食物塞入口中，然后放下龟，任其自行吞咽，若不吞咽，可用镊子将食物推至食道深处，首次填喂的食物量宁少勿多。对患病龟可以在填食的过程中加喂药物。

缅甸陆龟是素食龟，饵料简单，主要以水果蔬菜为主，小型昆虫及瘦肉类也可，还可以喂龟粮，需要定期补钙（钙粉、墨鱼骨皆可）。饵料投喂前需洗净并消毒，以防有残留的农药及其他有害物质。一般每天投喂1次，每次投喂量以龟能食完为宜。初春、深秋季节，由于温度不稳定，可两三天投喂1次，即使龟有食欲，也应少喂或不喂。

3. 饲养管理

（1）缅甸陆龟喜暖怕寒，对温度的变化尤其敏感。温度不但影响龟的新陈代谢速度，而且影响觅食和捕食的频率，因此，在日常饲养中应重视对温度的控制。温度指龟生活的环境温度，当温度在19～30℃时，可正常投喂食物；在季节交换之际，投喂食物应遵循宁少勿多的原则。若白天投喂食物后，温度忽然降低，应及时加温，否则，易引起龟的消化不良，导致龟患肠胃病。

（2）缅甸陆龟生活于陆地，粪便、尿液及残饵均留在沙上，所以做好卫生工作是必要的。饲养沙每月用紫外线消毒（将龟移出）或更换全部沙（适用于龟少的地方），每天及时清理饮水盆、粪便和残饵。

（3）每天检查龟的活动、进食、排便情况，并做好日记。对病龟及时隔离饲养。

（4）日光浴是缅甸陆龟必不可少的，常晒太阳可以有效防止隆背，但要注意缅甸陆龟完全暴露在太阳下超过半小时极易脱水死亡，所以日光浴时间不要超过半小时为宜，还要准备一个水壶定时喷水给龟补充水分。缅陆属于典型的雨林型陆龟，对阳光的利用率较高，日常不需要过多的日光直射。

冬眠前约2个月，对龟进行体检，观察粪便、进食、体质状况，患病龟不能冬眠，用电热器加温，使环境温度保持在22～28℃，正常喂食并用药物治疗；健康的龟需要改变食谱（多喂糖分足的水果或蔬菜，让其储备能量），并尽量让其排尽粪便，放置于室内朝南处，饲养箱内增加沙土，也可增盖棉垫，环境温度保持在14℃左右，使其自然冬眠。冬眠中，除必要的每周查看外，应尽量少惊动龟，以免龟受惊而影响冬眠的质量。冬眠后期，由于环境温度不稳定，忽高忽低，有时环境温度虽达19～22℃，龟也能进食，但夜晚时温度将下降，易引起龟肠胃不适。所以，昼夜温差不超过4～6℃时，方可给龟喂食。

十七、凹甲陆龟

[概　述]

凹甲陆龟（*Manouria impressa*），俗名为麒麟陆龟，属陆龟科、马来陆龟属。凹甲陆龟在近缘种间是较原始的龟种。凹甲陆龟在我国野生数量极为稀少，被我国列为二级重点保护动物。

[生物学特性]

1. 形态特征

凹甲陆龟是体形较大的陆栖行的龟类，成体体长可在30厘米以上，宽可达27厘米，前额有对称的大鳞片，前额鳞2对，背甲的前后缘呈强烈锯齿状，背甲中央凹陷，故得名凹甲陆龟。臀盾2枚。身体背部黄褐色，腹甲黄褐色，缀有暗黑色斑块或放射状纹。背甲与腹甲直接相连，其间没有韧带组织。四肢粗壮，圆柱形，有爪无蹼。

2. 雌雄辨别

雄性背甲较长且窄，泄殖肛孔距腹甲后边缘较远。雌性背甲宽短，尾不超过背甲边缘或超出很少，泄殖肛孔距腹甲很近。

3. 分布区域　该龟在我国分布于湖南、广西、海南及云南西双版纳；在国外分布于缅甸、马来西亚、柬埔寨等国。

4. 生活习性

凹甲陆龟的野外生活习性人们知之甚少，一般认为它是陆栖龟。据国外动物学者调查发现：凹甲陆龟是热带及亚热带陆栖龟类，喜生活于干燥环境，生活的区域有月桂属植物、蕨类植物、杜鹃花及为数众多的一些附生植物。凹甲陆龟只在相当高的丘陵、斜坡上，且离水较远的地方才有。雨季时，有众多的龟爬出饮水。人工饲养条件下，凹甲陆龟的栖息点固定，白天常爬出到阴暗处静止不动，停留久了，有泪液排出。当环境温度为25℃左右时，龟活动频繁，经常爬出龟巢，到处爬动。环境温度为32℃时，龟经常爬到水盆中饮水，有时在水盆中静养5～10分钟。环境温度达18℃以下，龟少动，将其放入沙中，仅露出头部，整个身体埋入沙中，进入冬眠。

凹甲陆龟性情胆怯，受惊时，头缩入壳内，立刻又伸出壳外，重复数次，且嘴中不断发出"哧、哧"的放气声，待平静后，头上下抖动，又慢慢伸出壳外；若被拿起，则伸出四肢，张嘴欲咬。在新环境中摄食正常后，栖息场所比较固定。白天见其在池中四处爬动，夜晚则又回到龟窝。

在野外，凹甲陆龟采食植物，如竹笋、杂草、野果等植物；人工饲养条件下，采食黄瓜、西瓜、香蕉、苹果、轮藻，但不食马铃薯、胡萝卜、莴笋和白菜叶。

1984年，在海南，凹甲陆龟被国内学者首次发现。多年来，由于对它的繁殖习性了解较少，故其产卵行为、产卵季节、卵的特征等缺少资料。

［引种与驯化］

1. 引种技巧

市场上出售的凹甲陆龟均是野生的，且多数来自东南亚地区。大多体质差，多数拒食。若选购时不精心挑选，龟购回后很容易死亡。

（1）**引种时间**　凹甲陆龟喜暖怕寒。温度达20℃以上，活动较多；温度在18℃以下，活动较少，头缩入壳内。所以，引种时间南方地区应在每年的4～9月，北方地区应在6～9月（其他季节室内虽有暖气，环境温度达20℃以上，但龟在室外已受冻，体质较差）。

（2）**挑选方法**　挑选凹甲陆龟可采取看、拿的方法。具体如下：

看：首先，看龟的体重。最好选择个体重在 200 克以上的龟，个体重达 750 克左右已是成体。体重大的龟适应力强、体质好；之后，看龟的外表，体表是否有破损，四肢的鳞片是否有掉落，四肢的爪是否残缺。腋、胯窝处是否有寄生虫，眼睛是否肿胀，眼球的表面是否有白点；最后，看龟的肌肉是否饱满，皮下是否有气肿、浮肿，爬动时，四肢将身体支撑起，而不是腹甲拖着地走。

拿：拿起龟，用手掂一掂，如为健康的龟，则手感较重；如手感非常轻，则为不健康龟的表现。将龟放入浅水中（水位是龟背甲高度一半），观察龟是否饮水，若大量、长时间饮水，则一般为不健康的龟。再将龟竖立，使其张嘴，观察龟的舌表面的颜色。如为健康的龟，舌表面为粉红色，且湿润，舌苔的表面有薄薄的白苔或薄黄苔；如为不健康的龟，则舌表面为白色、赤红、青色，舌苔厚，呈深黄、乳白色或黑色。观察龟的鼻部是否有鼻液，健康的龟鼻部干燥，但无龟裂。健康龟口腔四周清洁，无黏液；而不健康的龟鼻部有鼻液流出，鼻部四周潮湿，患病严重的龟鼻孔出血。

2. 驯 化

新购来的龟大多数均拒食，有的长期（2～3 个月）不食，直到死亡。对新购入的龟如驯化方法得当，易成活。驯化方法如下：

（1）将龟放入浅水中，水温在 22℃以上，龟在水中易排粪便，观察粪便中是否有寄生虫。

（2）将龟放在笼舍（纸箱、木箱、玻璃缸）中，笼舍不宜常搬动，饲养者应常观察龟，使其适应新的环境，不怕人。

（3）龟放入笼舍后，每天投喂食物，如香蕉、黄瓜等。对 1～2 周内仍不捕食的龟，应采取填喂的方法。填喂时，先将龟竖立，拉出头，用镊子掰开嘴，填喂混有药物（维生素 B、多酶片、抗生素等）的食物，填喂时切忌将龟的食道戳破。填喂的量宜少勿多。隔 1 天 1 次。填喂 1 周后，将食物放入笼舍中，观察龟是否能自己采食。若龟仍不采食，则继续填喂。适当进行静养并与龟互动，龟会渐渐信任饲养者。

[人工养殖]

1. 场地设施

人工养殖凹甲陆龟以水泥池养殖为佳，池的大小没严格要求，池内铺沙土厚约5厘米，布置少量盆栽花草并堆砌数个小土堆，墙角有数个人造小洞，洞口大小以龟能自由进出为宜，池中放3～4个浅水盆，供龟饮水，浅水盆位置要固定。放养时，要按龟体重不同分级饲养。

2. 饲料投喂

新引进的凹甲陆龟有拒食现象，因此对新引进的龟首先要为其提供适宜的环境温度（23℃以上），坚持每天投食不同品种的食物。投喂的饲料为生食，不需煮熟。瓜果蔬菜投喂前应洗净，尤其对菜叶、瓜果等，最好浸泡30分钟后再投喂。健康的龟每天投喂1次，春、夏、秋季投喂时间无限制，初春、深秋最好在白天，晚间的温度较低。喂食时不要入池惊扰龟，以竹竿慢慢递送。

龟摄食正常后，每星期投喂3～4次，投食量应根据龟体的大小而定，体重在1～1.5千克的龟，每只每天投喂量为50～100克。投喂时间因季节不同而有差异，春秋季10时左右投喂为好，夏季以早晚为宜。当环境温度在16～19℃时不宜喂食，否则易发生肠胃消化不良，20～24℃时可少量喂食，25℃时方可正常投喂。当环境温度24～28℃时，龟的觅食量、活动量最旺，20℃时觅食不稳定，有时进食，有时少食或停食。温度不稳定时，一般不喂食，以免因温度忽高忽低，造成龟的肠胃消化功能紊乱。

为确保龟体内营养物质达到平衡，要定期投喂一定量的营养药物，如维生素E、维生素D、钙等。

3. 饲养管理

饲养中每天做好观察记录，喂食植物的龟正常粪便为深绿色，呈长条状且混有泥沙；若粪便呈水样，有土黄色、红色黏稠样物，则是肠胃病的症状。若凹甲陆龟长时间在水盆中大量饮水，是患肠炎、肺炎的症状，应及时隔离饲养并采取相应防治措施，饲养池内沙土应保持潮湿。

日常管理过程中应做到定时打扫饲养箱内的粪便，每月更换沙土或将沙土消毒（紫外灯照射或阳光曝晒）。饲养中最关键的是观察龟的活动、粪便、进食状况。对患病或有异常的龟应及时拿出，及早治疗。

当温度降至17℃左右时，龟逐渐进入冬眠。冬眠期是龟生命的重要环节。若冬眠不好，极易引起死亡。一般冬眠前应做好以下事项：

（1）检查龟是否有寄生虫。

（2）观察龟的粪便是否正常。

（3）冬眠前将龟放入水温25℃左右的水中，水位低于龟的背甲高度，使龟体内的粪便排空。健康的龟则使其自然冬眠。冬眠后，应在龟舍内铺垫上少许稻草或棉垫，以起保温作用，将饲养箱放置在室内，并保持饲养箱内潮湿。

（4）对患者龟应采取加温措施，继续饲养，直至其健康改善再让其冬眠。

十八、安 南 龟

[概　述]

安南龟（Annam Turtle）学名 *Annamemys annamensis*，属潮龟科、安南龟属。主要分布在越南中部地区。成体安南龟甲长通常为13～20厘米。生长温度为18～32℃，饲料为菜叶、水果、鱼肉、虾肉、鸡肉、动物肝脏。2003年，全球龟类保育基金会公布了越南安南龟为濒危动物，属国际二类保护动物，其原产地越南已将其列为一类保护动物。

[生物学特性]

1. 形态特征

安南龟从外形上看与黄喉拟水龟极相似，不同之处：安南龟头顶呈深橄榄色，前部边缘有淡色条纹，一直伸至眼后，侧部有黄色纵条纹，颈部具有橘红色或深黄纵条纹，背甲黑褐色，腹甲黄色且每块盾片上均有大黑斑纹，四肢灰褐色，指（趾）间具蹼。

2. 雌雄鉴别

一般雄龟比雌龟个体大，背甲较长，腹甲中央凹陷，尾较长，肛孔离腹甲后缘较远；雌龟腹甲平坦，尾短。

3. 生活习性

安南龟在自然界喜生活于浅水小溪、潭及沼泽地中，人工饲养下喜群居，有爬背习性，自下而上由小到大排列。

4. 繁殖习性

安南龟的性成熟年龄为4～5龄。

野生龟体重400克以上，可做亲龟。自然性比为1:1。人工繁殖，可1:2～3比例匹配，便于提高受精率。

安南龟长年均可交配，每年5～10月份为繁殖期；广东在4月末至8月末，6～7月份为产卵旺季，这时常见雌、雄龟在水中或陆地交配。在自然环境中，交配多在夜间进行，在人工饲养条件下，常见白天在运动场或水池中相互追逐、交配。产卵于岸边坐北向南、沙土松软、隐蔽较好的场地，每年产卵1～3次，每次产卵（窝卵量）4～9枚，卵呈长椭圆形，灰白色，卵重10～20克。

[人工繁殖]

选择 4～5 龄、体重 450 克以上健康、无伤、无病，龟板、皮肤有光泽，头颈伸缩，转动自如，爬行时四肢有力，无外伤，身体饱满的个体。雌雄比例 2:1。

在亲龟产卵前（4 月中旬），清除产卵场的杂草、树枝、烂叶，将板结的沙地翻松整平，周围种植一些遮阳植物或花卉，使龟有一个安静、隐蔽、接近自然的产卵环境。产卵场和孵化房均要防止鼠、蛇、猫等动物进入。孵化房用福尔马林加热熏蒸消毒，杀灭房中有害昆虫，孵化用沙直径 0.6 毫米左右，用药物水浸消毒，清洗干净，然后在太阳下曝晒或烘干。

准备工作完成后将亲龟放入产卵场，晚上注意观察，留意龟扒穴的地点，以便第二天采卵。雌龟产完卵后，会留下痕迹。在产卵点，有直径约 15～20 厘米的圆形区域，会有沙土翻新的痕迹和龟走动时留下的足迹。这时，轻轻用手将上层的沙扒开，如见到龟卵，小心取出或用竹签做好标记，过 1～2 天后再收集。受精龟卵在卵壳中部有一圈明显的乳白色带，而未受精卵则无此特征，收卵时，将受精卵放在预先准备的塑料盆内。盆内放有孵化用沙，沙的厚度在 2.5 厘米以上，沙中含 5%～10% 的水分。卵插入沙中。收卵时动作要轻，以防挤破受精卵，龟卵没有蛋白系带，应避免大的振动或摇晃。

收卵时间最好在清晨，切忌在温度最高、阳光最强时操作，产卵场每天喷水 1 次，每周要全面翻沙 1 次，将遗漏的卵捡出。龟卵孵化用泡沫箱或木箱做孵化器。泡沫箱箱壁需钻透气孔，铺设 10 厘米厚的沙子，埋卵深度 3～4 厘米，每平方米可置卵 50 枚左右。沙床含水量为 5%～10%，以手握沙成形、落地即散为准，卵放置后，应插一标签，注明日期、数量。

孵化期间温度维持在 25～32℃ 之间。定时对沙喷水，室内相对湿度保持在 80%～93%。受精卵经 54～112 天的孵化，可孵出稚龟。平均孵化时间是 73.8 天。刚孵出的稚龟应放入专门的盆中，盆中盛有湿沙及湿布，待稚龟卵黄吸收干净后转入稚龟暂养阶段。

[养殖技术]

1. 苗种培育

刚孵出的稚龟体重在 6.4～13 克之间，平均 9.75 克。稚龟卵黄吸收干净后就可转放入大胶盆中暂养。入盆时，稚龟用 1 克 / 米^{3}高锰酸钾溶液浸泡消毒。0.2 米^{2}的胶盆可放养 45 只稚龟。盆中水位以刚淹没龟背为好。每日换水 1 次。开始 1 周用熟鸡（鸭）蛋黄或碎猪肝饲喂，1 周后可改用碎鱼肉或鳗料饲喂。投饵量以稚龟吃剩为准。喂食宜在上午和傍晚进行。稚龟转食鱼肉后不久就可转入稚龟饲养。

稚龟池为水泥池或池塘。稚龟入池前用 1 克 / 米^{3}高锰酸钾溶液或 5% 食盐水浸泡消毒 10 分钟左右。放养密度为 80～100 只 / 米^2。投喂动物性饵料如鱼、虾、螺蚌、畜禽内脏等为主，植物性的瓜果、蔬菜及谷物等为辅，也可喂食蛋白质含量在 40% 左右的配合饲料。日投饵量一般为稚龟体重的 4%～6%，如是配合饲料则为龟体重的 2%～3%，以吃剩为准。分早晚 2 次投喂。饵料放在陆地上，剩饵要及时清除。投饵应做到定时、定量、定质、定点。稚龟池水不宜太深，一般在 30～40 厘米。饲养过程中视水质状况定期换水，并用高锰酸钾或漂白粉溶液对水池及稚龟进行消毒，以防病害发生。如稚龟池的水体面积较大，可以实行鱼、龟混养，每平方米放稚龟 30～40 只，适量搭配鲢、鳙、鲤、鲫、罗非鱼等品种。在广州地区，随着气温、水温的逐渐下降，到 12 月份进入稚龟的过冬管理阶段。

2. 商品龟养成

立春后，当水温稳定在 15℃以上时可放养 50 克以上的幼龟。单养的水池其放养密度可控制在 2～3 千克 / 米^2，即 50 克左右

的龟种放 40～60 只 / 米 ^{2}，500 克左右的龟放 4～6 只 / 米 ^{2}。龟、
鱼混养的池塘，放养密度可控制在 250～350 千克 / 亩，小龟少
放，大龟多放。如 50 克左右的龟种可放 7～8 只 / 米 ^{2}，100 克
左右的可放 4～5 只 / 米 ^{2}。养成成龟约 1 300 只 / 亩。龟鱼混养
中的鱼以鲢、鳙鱼为主，适当放养些底层鱼类如鲫、鲤鱼。鱼的
放养量以每亩计，鲢鱼 100 尾，规格 50～100 克；鳙鱼 100 尾，
规格 50～100 克；草鱼 200 尾，规格 100～250 克；鲤鱼 40 尾，
鲫鱼 100 尾，罗非鱼 100 尾。一般池内龟多可少养鱼，龟少可多
养鱼。

3. 饲养管理

（1）**水位**　安南龟属水栖类，可用深度 50 厘米或 30 厘米的
缸，水位控制在容器深度的三分之一处，若龟较小（不超过 250
克），也可将水位设在容器深度的二分之一处，水位过深，龟易
攀爬而逃走。水中可放置浮萍等水草，既可净化水质，又可起
到观赏的效果。

（2）**投喂**　安南龟食性较杂，人工饲养下喜食猪肉、鱼肉、
虾、面包虫等饵料，偶尔食少量香蕉。春夏两季每周喂食 2 次，
每次 25 克左右，秋季可相对增加投喂量和投喂次数，以高蛋
白饵料为主，以使龟体内贮存较多营养物质，满足龟冬眠期的
需要。

（3）**水质**　水质的好坏直接影响龟的健康，春、秋两季应 3
天换 1 次水，对新购入的龟应逐渐换水，一般第一次换一半，一
段时间后，再换掉全部水，使龟有一个适应过程。夏季应每天换
水，并每周消毒 1 次。冬季一般不换水。

（4）**冬季管理**　冬季，当温度低于 10℃左右，龟进入完全
冬眠期，15℃时有爬动、进食现象，此时最好不喂，以免引起
疾病。龟冬眠时，将缸内水换成潮湿细沙，使龟钻入沙中自然
冬眠。

十九、条颈摄龟

[概　述]

条颈摄龟（*Spripe neckedleaf turtle*），属爬行纲、龟鳖目、潜颈龟亚目、龟科、淡水龟亚科、摄龟属、条颈摄龟下属。分布于越南、老挝、泰国、柬埔寨等国。雄龟尾较粗长，泄殖孔超过背甲后缘；雌龟相反。成年雌龟繁殖期于每年的 5～7 月，每次可产 2～4 枚椭圆形卵。

[生物学特性]

1. 形态特征

条颈摄龟头顶棕、黑色相间，头侧及颈部有数条条纹，背甲扁圆，有一条较明显的脊棱，背甲颜色以棕褐色为主，每块盾片上有黑色斑点或放射纹。背甲后缘略呈锯齿状，腹甲黄色，每块盾片上有黑色放射状的花纹。胸腹盾之间以韧带连接，但活动幅度小（幼时无），不能完全闭合。四肢黄褐色，有黑斑，前肢五指，后肢四趾，指（趾）间有丰满的蹼，尾较细。此龟的亚种很多，加之分布区重叠，亚种之间杂交较多，所以很难区分。

2. 生活环境

条颈摄龟属于半水半陆性，生活在山区的溪流、小河附近，大多数时间常在岸边的潮湿地带活动。食性杂，幼时以肉食为主，长大喜食植物，野生龟常采食掉落在河里的果实。每年 5 月繁殖。条颈摄龟分布较广，适应性强，人工较易饲养。

[人工养殖]

1. 龟池建设

（1）**环境选择**　选择水源充足、水质良好的地方，土质保水性能良好（如黏壤土或壤土），排灌方便，环境安静，背风向阳，避免在交通线、工厂等环境嘈杂的地方养龟。不同阶段的龟宜建不同龟池。

（2）稚（幼）龟池的建造　稚（幼）龟池主要用于培育稚龟及幼龟。稚龟是指当年孵化出的龟苗，直至过冬前这一生长阶段的龟苗，统称稚龟。幼龟为过冬后直至长成500克成龟前生长阶段的龟。

稚龟适应环境的能力和生命力都较弱，幼龟介于稚龟和成龟之间，不大不小，也须精心培育，因此稚龟、幼龟应该有专门的池来培育。稚龟池一般为水泥结构，池底与运动场呈30°坡度，使之四分之三为水池（水深20～30厘米），四分之一为运动场（陆地部分）。稚龟池四面墙面必须光滑，高50厘米，严防稚、幼龟"叠罗汉"逃走。龟池上方拉遮光网遮阳。水池可适量放置水浮莲（占水面三分之二）。稚龟池的大小视养殖规模而定，5～10米^{2}均可。稚龟池要有良好的进排水设施，进排水口有防逃栅栏，龟池上方加盖铁丝网，严防老鼠等敌害的侵袭。

（3）成龟池建造　成龟多指500克以上、接近或达到性成熟的龟。成龟对环境的适应性强，生命力旺盛，不易死亡。成龟池的建造可参考稚龟池的方法，不同之处是成龟池必须由水池、运动场（陆地）和沙地三部分组成，其中水池占整个龟池的一半面积，运动场和沙池各占剩余面积的一半。水深要求30厘米以上。成龟池可用来养殖成龟和亲龟。龟池四周可以种植少量遮阳植物。

2. 龟种选择

条颈摄龟抗病力强，容易饲养，但引种不当，也易导致不必要的损失。对龟种或龟苗的要求是：无伤残及疾病，活动旺盛，反应灵敏；避免在长途运输中挤压受伤。进龟之前，必须先消毒龟池（用40克/米^{3}高锰酸钾溶液浸泡30分钟），然后排干池水，曝晒龟池2～3天，药效散失后再注入新鲜水。刚买回来的龟必须休息 2 小时以上，适应当地气温及环境后，再进行消毒，然后放入龟池内饲养。

判定龟的健康情形更为重要。要点如下：

（1）张开口呼吸的条颈摄龟不要买，可能有呼吸道疾病。检查呼吸是否有异常声音，有杂音是感染肺炎的症状。

（2）检查口部及鼻孔有无分泌异常的黏液或泡沫状分泌物。若有，可能感染肺炎或呼吸道疾病。

（3）用手轻拉条颈摄龟的四肢，感觉是否挣扎有力，若没什么力，可能太过虚弱。

（4）看龟肉部分是不是很饱满。如果条颈摄龟缩进壳内较深，说明龟过于纤瘦。健康的龟拿起来应该像是壳里灌满了水；如果像是空心的，千万不要购买。

（5）以手指轻压龟甲，触摸龟甲有无软化及变形的情形。健康情形良好的个体，腹甲及背甲都极坚硬，若发现有龟甲软化或变形时，可能表明日照不足或维生素 D 及钙质摄取不足。

（6）检查四肢、尾、颈部内凹的皱折部分是否有外寄生虫。条颈摄龟体表凹陷处经常会有寄生虫。

（7）看泄殖腔，如果有粪便脏污，则可能有消化系统问题。

（8）在同一窝龟，躲在阴暗角落的不要买，要挑选最活泼的。

（9）检查龟体外表有无外伤、咬痕即白色或红色的肿块。水族店常常把数十只龟饲养在一起，可能会互相咬斗，尤其是具攻击性的种类。

（10）检查眼睛是否能张开，眼睑有无肿块或黏液性分泌物。眼睑的肿胀可能是温度过低或水质不佳造成的感染。

（11）用食指及大拇指撑起条颈摄龟的前肢，可支撑住且能往上爬的个体，其健康状况良好无法支撑而望下滑者，表明体质虚弱或饥饿过度，不建议购买。

（12）观察爬行姿势是否正常。健康正常的条颈摄爬行时腹甲会与地面平行，若向一方倾斜或前端上翘，即表示其健康有问题。

（13）观察条颈摄龟游泳时是否能保持平衡。健康的条颈摄龟游泳时前端向上扬，若发现在水中无法保持身体平衡而偏向一方时，表示其呼吸道或泄殖腔可能受到感染。

3. 稚、幼龟培育

（1）稚龟的暂养　稚龟出壳后，必须经过足够时间休息后，才能消毒出售。一般市场上的稚龟都是可以直接投喂饲料的龟苗。此时稚龟体重仅为 10 克左右，宜用小容器（如胶盆等）养殖稚龟。参考养殖密度：0.2 米^2 的胶盆可放养 45 只稚龟。盆中水位以刚好浸没龟背为好。饲料以碎猪肝或碎瘦肉、碎牛肉、小鱼虾浆等为主，辅以微量元素及适量的添加剂。每次投喂前换水 1 次，投喂 1 小时后再次换水。投喂量以剩一点为适度。宜在清晨及傍晚分 2 次投喂。稚龟转食鱼肉后（约在孵出壳后的第二个月）即可放入稚龟池饲养。

（2）稚龟饲养　少量养殖时，可以用胶盆继续饲养。较大规模，需转入稚龟池饲养。稚龟入池前，必须用浓度 40 克 / 米^3 的高锰酸钾溶液消毒龟池。稚龟的放养密度为每平方米 20 只左右。

自然越冬时，尽量减少移动稚龟；天气晴朗时，若气温超过 15℃，部分稚龟偶尔会主动觅食，可喂以少量新鲜肉类。每周要换水 1 次以上（视天气及食欲而定），换水后及时消毒。所有操作必须小心，在气温高的中午进行。

（3）幼龟饲养　过冬后，当室外温度达到 20℃以上，水温 15℃以上时，转入幼龟的培育阶段。幼龟培育的方法与稚龟期培育方法相同。值得一提的是，稚幼龟都喜欢新鲜肉类饲料，较少或不食植物饲料，因此在稚幼龟饲料中应添加一些微量元素等物质，保证营养的均衡。

4. 成龟养殖

条颈摄龟属半水栖龟类，可饲养在木箱、水池及玻璃器皿中。器皿中铺垫潮湿沙土，栽植些野草及摆放些碎石等。若放水，水位的高度不可超过龟背甲高度的一半。养龟的木箱在宠物市场就可以买到，里面有加温的灯具。条颈摄龟喜暖怕寒，25℃时正常进食，19℃时进入冬眠。

条颈摄龟是龟类中较凶猛的一种。它喜食活小昆虫，平时可投喂蚯蚓、面包虫（黄粉虫），并搭配果菜类饵料，以补充各种维生素。春、秋季可相对增加投喂量，每周3次，对于体弱的龟还应在饵料中拌入适量的多种维生素片，并定期检查其健康状况。

饲料来源可以因地制宜，小鱼虾、螺蚌肉等都是该龟喜食的动物饵料。在龟池周围种植蕉树等绿色植物，既可遮阳，又可作为龟的植物饲料；有条件的地方，可繁殖福寿螺喂龟。养龟地方靠近屠宰场的，可利用动物内脏等下脚料喂龟。也可自制配合饲料喂龟。

夏季温度高于32℃时，龟即进入夏眠。这时，应防止太阳直射，并采取相应降温措施，降温时宜逐渐降低。此时龟不食，不必强行喂食，待天气转凉再投饵。冬季来临前，应对龟进行全身检查，不健康的龟可进行加温饲养，以增强体质。健康的龟进入冬眠后应停止喂食，以免食后温度变化而引起肠胃不适。

二十、亚洲巨龟

［概　述］

亚洲巨龟是硬壳、半水栖性的亚洲水龟中体形最大的品种之一。最大背甲长度近50厘米，呈棕褐色，高耸成拱形，后端为锯齿状，中央有明显突起的脊棱。头部呈灰绿色至褐色，点缀黄色、橙色或粉红色的斑点。黄色的腹甲上，每块盾片均有光亮的深褐色线纹，组成显著的放射状图案，部分老熟个体会随着生长而淡化，个别龟腹甲的放射纹会全部磨灭。指（趾）间有蹼。大部分雄性巨龟的腹甲微微向内凹陷，与雌性相比，尾部也较长

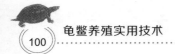
粗。寿命一般约 80 年。

[生物学特性]

亚洲巨龟亦称大东方龟，是分布在东南亚的一种杂食性龟，一般认为该龟在自然界中以植物为主；但在人工饲养的条件下，很大一部分龟对肉类非常热衷，且在较为高效的饵料配比中，鱼虾、肉类占了不小的比例。在育肥季节，甚至可以将荤食的比例提高到六成以上。南部产地的亚洲巨龟最容易出现只接受素食而很少接受鱼虾、肉类的情况，而中部产区的亚洲巨龟较容易出现对肉类的热衷程度过高的现象。所有亚洲巨龟共同喜爱的食物就是香蕉，但香蕉并不能作为主要食物进行长期投喂，否则会出现大便不成形、挑食等不良反应。

亚洲巨龟栖息在柬埔寨、越南、老挝、马来西亚、缅甸及泰国等国家。成体约 3.5 千克时达到性成熟，老熟个体背甲长可达 45 厘米以上，体重超过 15 千克。生活环境为河流、溪涧、沼泽、湖泊及湿地等。

[人工繁殖]

1. 选 种

选种指的是亲龟的选择。一般来讲，1 只优秀的雄亚洲巨龟可以配 3 只雌龟，但 1 公配 2 母的繁殖率会更突出，1 公配 2 母或 1 公配 3 母都是最常见的亚巨亲龟雌雄配比。用于繁殖的龟必须是适应人工喂养环境的龟，否则繁殖成功率低。

雌龟的选择：一般要求年份足够、体形厚、体态饱满、无畸形、吃食积极、泄殖腔口略宽大（注意区分病态松弛）、形体优美而不显得过长或过圆。某些雌龟在刚刚长到 3～3.5 千克时也有可以繁殖，但繁殖率比较低（部分龟年份足够，但体形较小，不影响繁殖率），一般 4 千克以上比较合适。老龄雌龟一般头形圆润、头纹颜色暗、爪饱满、腹甲中部放射纹磨损较严重、泄殖腔口宽大而有弹性，部分龟的腹甲中缝凹陷。

雄龟的选择：挑选原则跟雌龟不同，其挑选的目的是提高交配成功率、受精率以及减少基因退化。性成熟的雄龟一般都可以参与繁殖，只要无畸形、体态饱满、健康吃食即可。优秀的种雄龟需要具备以下几点：一是正值壮年，过老和过于稚嫩都不佳；二是尾部灵活，能完成各个角度的甩尾动作；其三是体态优美、壳型端正。

一只正值壮年的雄龟应具备如下特征：壳色沉淀较好；腹甲中部凹陷显著；头形保持应有的棱角，显得肌肉发达，俯视不应显得过于钝圆或带有萎缩感；上颌厚，大部分略发黄色，但角质增生不应过厚，上颌角质层厚度过高的为老年龟。

一般情况下，种公龟在4～7.5千克左右时，其使用年限和精力旺盛度正处于最佳水平上，性价比也较高。一定要提到的一点是，不论雌性或雄性龟，挑选时一定要注重体表光泽，如果龟长期缺乏维生素补充，体形肥厚，却毫无光泽，则不能作为选种对象。

2. 种龟购买技巧

（1）购入养定货　养定货是指经过人工饲养稳定的亚洲巨龟。在购入后，只需经过短暂的适应过程即可达到繁殖的状态，很多龟当年产蛋季即可产下受精蛋，这也是效益体现最快的一种引种方式。难点在于是否有足够的经验判断其是否是经过人工长时间饲养的龟。一般这样的龟具有一个明显特征，就是生长纹外围不但有一道白净的新纹，内里还有一圈色素未完全沉淀的纹。该方案产生效益快，但也是投资最大的方案。

（2）购入接近成熟的下山龟　这是一种比较适应小投资的引种方法，即购入将要进入繁殖期或刚刚进入繁殖期的龟。一般在挑选时，选择2.5～3千克的年轻龟，在经过1～1.5年以上的人工喂养后，会达到3～4.5千克之间，且达到一个适应养殖环境的稳定状态，即可入亲龟池饲养。这是性价比最高的一种引种方法，缺点在于初期繁殖率较低。

（3）**购入成熟下山龟**　该方案需要比较雄厚的经济条件和成熟的技术，因成体龟的下山应激反应，购入后需要面临更多的问题（未成熟的龟多出现瘪蛋、难产等问题）。但经过稳定之后，即可很快恢复繁殖高峰的状态，体现出高繁殖率。这是一种高投资和快收益并存的方案。

（4）**引种性价比问题**　由于选种关系到整个繁殖过程是否顺利，所以，在亲龟挑选这一关上不得马虎。在挑选优质种龟的同时，还应注意引种的性价比。既要挑到合格的种龟，又不花费过多的资金，才能取得最佳效益。一般老旧的养殖观念和经验认为越大的龟越高产，但这已被证明是不正确的。

选种龟，一般母龟在 3.5～6 千克时是挑选的最佳对象，雄龟则选择区间更大一些，一般 4～8 千克甚至以上都是可选范围。在此区间内，尽量挑选小的种龟。这样不仅单价较低，而且可以避免挑到过老的龟而影响种龟的使用年限。10 千克以上的龟，老龟率太高，不作为优秀的选种对象。壳起包浆的龟，老龟率也很高，应避免选择大体形包浆明显的龟（体形较小而起包浆则有可能是年龄适宜，可以考虑选用）。另一个需要注意的要点是，稳定开纹的龟每千克单价普遍高于下山龟数十元，这时就需要买家慎重选择，一般建议求稳为主，低价购入的损耗量未必能使买家得到预期效益。

（5）**种龟购入的季节**　岭南地区的春天短，春季后，也是东南亚的湿季到来之时，也就是出产下山龟最繁盛的季节。下山龟的采捕将延续到整个湿季的结束。由于囤货、运输等步骤的原因，相当长一段时间后，龟才会上市。所以引种也有季节性问题。在市场上，四五月份新出现的下山龟在采捕时有可能正当产蛋季节，由于遭到捕捉产生的应激反应，则可能造成瘪蛋的情况产生，在购入调养一段时间后，有可能因成形的蛋蓄积、不能顺利排出而造成死亡。这一情形不发生在自然的产蛋季，所以一般描述为"憋蛋"。

（6）上家转手龟的可靠性　这一点是玩家和新晋养殖户都应注意的，以下列举几个例子供参考。

①养定种龟　不少不良商家把下山不久的货当养定货出售，购回后调养适应期较长，效益体现慢，卖家可以通过壳缝、状态、粪便等区分。

②稳产种龟　种龟是有使用年限的，一般仅取其繁殖高峰期的5～7年，淘汰的种龟虽可以繁殖，但效益会有影响，所以体态过老的龟尽量不选；一些龟在人工加温条件下仅有2～3年左右龟龄，但体形足够大，甚至大于高产种龟，但也不宜作为种龟购入对象。

③红头满花亚洲巨龟　因为货源的问题，马来西亚产的亚洲巨龟充斥着市场，南部亚洲巨龟以头色红和放射纹、色深均匀著称，但这只是统货特征，并不见得优秀（马来西亚下山货死亡率一般略高于泰缅货和越南货）。

④人工亚洲巨龟　购买人工亚洲巨龟的目的在于其稳定性较好，但要注意跟体小的落山龟区分开来。

⑤成批卖，不单卖　这种捆绑式的转卖几乎都会夹带着一部分瑕疵较大或带有伤病的龟，最好不要选择。

3. 繁殖场所设置

养龟的环境直接影响龟的摄食、生长、繁殖等。在家庭饲养条件下，很多龟友会产生疑问：为何饲养多年的龟从未有过繁殖迹向，也从未产过卵？究其原因，环境就是制约繁殖的最重要的因素之一。一般的箱用于圈养亚洲巨龟，在生长方面或许效果不错，但作为繁殖场所，显然是不够的，当然如不计划繁殖而只是当宠物饲养，则很适合。

繁殖环境的设置，一定要求水陆兼备并且比例协调，露天池还需要大量的遮蔽物。如果繁殖环境设置不到位，则可能造成水中排卵、卵被破坏、卵受精率低甚至不交配等，使繁殖率低下。

环境设置应因地制宜、因龟而异。

（1）家庭箱养环境设置 注意四点：第一，亚洲巨龟多为水中交配，因此，饲养容器必须足够大，且水深必须足够（龟体厚度2倍以上）；第二，交配后的饲养方式可以改为半散养式，仅仅在喂食或时刻能观察到的时间水养，其余时间干养设水盆，其目的主要是防止卵产在水中泡坏及被踩碎、啃食；第三，龟的活动范围最好是固定区域，否则产卵后难以发觉；第四，在龟的活动场所内设一个堆放柔软杂物（旧衣服、破布、稻草秆等）的角落，利于龟产卵。

（2）池养环境设置 ①陆地一定要高于水面几十厘米。②产卵场要足够大，或者离水边有一定距离。③产卵场的土质一定要遇水成形，能结块且易捏碎的土质为好，湿度适宜的沙地亦可，过硬和不成坑的纯沙地皆不宜。④若池子面积较小，产卵场最好设挡板，可以减少第一年人工环境繁殖的龟（经验少）将卵产到水里。⑤水陆比例要适宜，一般水的面积大于陆的面积。⑥亲龟池岸边不要过多覆盖地面式植被（如草皮），否则容易导致龟难寻产卵处，造成随意产卵（四处散落或产到水里）。

以上几点如果做不好，将严重影响产卵及繁殖。

亲龟饲养场所不但是种龟的居住地，也是龟卵的产出地，所以，对其进行必要的保护是必不可少的，最主要的便是预防鼠、蛇、蚁害。目前，防鼠害的方法大多是将池壁设置为老鼠不能攀爬的形式以及安装电猫，还可以在养殖场所周围设置捕鼠装置和定期投放鼠药。防治蛇害的方法一般为在养殖场所周围撒放雄黄或围放刺网。蚁害的防治一般为投放蚁药，要求无毒、无味、有效期长。

4. 交 配

亚洲巨龟的交配除了阳光正盛时比较少见，其他时间段均可见。绝大部分亚洲巨龟在水中交配，也可见陆地交配（家庭散养较为常见，但成功率不高）。交配期的雄龟显得比较暴躁，会追逐雌龟，有耐性的追击能大大提高交配率，这也是挑选种龟时不选太青涩的雄龟的原因之一。龟在交配的时候，要尽量避免打扰，以免交配终止或种龟受惊等状况发生，影响交配成功率。交配成功后的雄龟会继续追逐别的雌龟，而已经交配过的雌龟一般会对雄龟的追逐表现出抗拒。为保护交配后的雌龟免受伤害，家庭式饲养和小规模饲养时可以把交配后的雌龟分开饲养。

交配期过后即将进入育卵和产卵期，所以，繁殖期的营养补充是提高繁殖率的重要手段。交配期，亲龟需要消耗大量的体力，其饲料中的淀粉等能量物质需要充足的供应，以保证亲龟的能量供给。育卵期由于蛋的形成需要钙质，所以饲料中的钙质和维生素要适度添加。产卵期前由于天气问题较少进食，所以之前的蛋白质积累要达到一定的程度，且不易摄入过多脂肪。繁殖期的亲龟饵料推荐配方为：全熟红薯 40%、杂鱼杂虾 35%、粗纤维蔬菜 10%、瓜果 15%。

5. 产卵及捡收

亚洲巨龟产卵期在秋冬，10 月到翌年 2 月均可见。一部分龟也在春季 4 月左右产卵，但这批卵孵化的希望不大。极少数龟有第三次产卵，所以出现很少一部分初春苗。刚下山不久龟所产下的卵孵化率极低。

产卵时间一般在太阳下山以后和清晨最为常见，这时如果在附近走动，则会影响雌龟产卵，严重时会造成废蛋和难产，所以应尽量避免对雌龟产卵的影响，观察时最好在远处观察和通过监控摄像头等。

若亲龟放养密度较小（每平方米低于 0.67 只），则可以选择在龟产卵后的次日清晨或傍晚进行捡收挖取。若亲龟密度较大（每平方米多于 2 只），则需要尽快捡收，否则在别的龟上岸产卵时难免不受到破坏，或者个别浅层蛋坑被挖掘啃食。露天大池中，经常可以看到部分雌龟将卵产到落叶堆等角落里，所以要仔细巡查。捡收静置后的蛋需要挑出有精斑的受精卵，移入孵化场所进行孵化。

6. 孵　化

亚洲巨龟的受精卵的孵化期较长。一般情况下，在玩家手里大概 8 个月以内，技术较成熟的在 7 个月左右，偶尔可见半年左右就出壳的个例。亚巨蛋壳较为厚硬，需要的呼吸作用较强，所以在孵化上偏重于环境湿度而不是孵化基质的湿度。受精卵在静置后，将显现出精斑，孵化时就需要将精斑朝上摆放，间距 1～2 厘米。孵化基质可以选用蛭石、沙土等。

目前较好的孵化手段有 2 种：

（1）沙土基质孵化　如果使用小型孵化箱，则不需要覆盖物，如果使用较大的孵化室直接摆放，就需要覆盖一层松散的木渣、刨花、碎秸秆等物。将选好的材料高温高压消毒，保持一定的湿度，以手捏成团但能较快自动散开为度，最后覆盖在孵化床上。

（2）蛭石孵化　其优点是方法比较简便。调整好湿度后，将受精蛋 80% 埋入沙中即可，其保湿简单，加水次数少，臭蛋率低。冬季则需要保温孵化，这也是最常用的孵化方式。加温孵化成本较高，技术要求也高，温度控制在 25～32℃，稳定区间大概 28～30℃。一般认为，冬季低温自然孵化会对卵的成活率有很大影响，所以保温措施必不可少，是否加温以实际情况为准。孵化过程中，必须定期查看，发现坏卵及时挑出，发现孵化条件不当必须及时补救。

7. 稚龟出壳管理

稚龟出壳前，蛋壳的色泽会接近皮蛋壳的色泽，这时应该减少覆盖的木渣木屑，用蛭石进行孵化的，可以降低埋蛋深度。因为此时已经完全成形的胎体呼吸作用更强。极个别稚龟出壳困难，为了避免稚龟不能出壳造成死亡，可以人工辅助出壳。

稚龟出壳后，应让其在原环境中爬动一段时间，然后收集起来，用 8.5% 盐水浸泡消毒，用小容器静养，待脐口收好后转入正常的稚龟池饲养。

稚龟自然饲养 1 年后，体重可达 0.75 千克左右，这时可以转入大池饲养。

[人工养殖]

亚洲巨龟成体需要大型饲养场所，包括温暖干净的水域和陆地。在水中放置树枝沉木，陆地铺设稻草。

该龟不能承受寒冷的天气，湿冷的气候极易引起呼吸系统疾病，干冷的气候对其来说更是致命的。在长期低于 5℃ 的情况下，可能致龟死亡。天凉时，应该将龟移至室内。

另外需要注意的是，该龟一旦熟悉饲养环境，将极富攻击性，雄性常袭击同伴，尤其是在发情期，但并不会对饲主造成危险。该龟会主动接受饲主手中的食物，是一种互动性十分突出的龟。该龟在紧张时，有可能会从肛口喷射出稀散的粪便，所以应尽量避免受惊吓。长期干养有可能造成该龟背甲上翘，腹甲长于背甲。

家庭饲养，可以投喂青饲料为主，辅助投喂鱼干或鲜鱼虾等，并时常投喂水果、成品水龟粮等，并要求饲养水深过背。大量养殖，一般以红薯泥、南瓜泥、玉米粉为底料，拌入鱼虾泥进行投喂，比例可自行掌握，投喂处以水陆交界处的食台为佳。很多技术水平较为落后的养殖场采用主要投喂青饲料、辅助投喂成品水龟粮的做法，效果较差。一般认为，长期投喂红肉类、动物下脚料、内脏等的做法是不正确的，这容易造成龟体水肿、代谢不良、维生素缺乏。

二十一、安布闭壳龟

[概　述]

安布闭壳龟（*Cuora amboinensis*），别名马来闭壳龟、驼背龟、越南龟，为龟科、闭壳龟属。分布在孟加拉、缅甸、泰国、柬埔寨、越南、马来西亚等热带国家。我国曾见于广东、广西两地，生活在溪流、沼泽地及离水不远的低洼地，食蠕虫、蜗牛等，人工饲养条件下食瘦肉及香蕉。属半水栖龟类。饲养环境可布置成水陆两便式，但水位不应超过龟背甲的高度，深秋、初春龟不必放在水中，可直接放在沙土上饲养。

[生物学特性]

1. 外形特征

安布闭壳龟的头部和四肢收缩后，甲壳可完全闭合。背甲光滑，高高隆起呈半球形，在成体背甲的中央有一条脊棱，但幼体的背甲两侧可能会呈现出两条额外的脊棱。背甲呈橄榄色、褐色或几乎是黑色。腹甲为黄色或米色，有一块黑色的大斑点。面部有黄色的纵向条纹。成年雄性的腹甲有些凹陷，而成年雌性的腹甲平坦。

2. 生活习性

安布闭壳龟属半水栖龟类，但短时间内可生活于深水中。它栖息在静止的或缓慢流动的水体中，包括河流、湖泊、沼泽、湿地，还有农田。和几乎不水栖的成体相比，幼体更倾向于水栖。野生的龟常栖息于沼泽地、离水不远的低洼地、水潭及山涧溪流处。在人工饲养条件下，喜生活在水中，温度高时，也爬到岸边休息。环境温度达 22～25℃时能正常进食，18℃左右停食，15℃时不动或少动，随温度的逐渐降低而进入冬眠状态。

安布闭壳龟食物主要以植物、水果为主，肉类只占一小部分，可以喂的植物包括浮萍、水藻，蔬菜类如绿叶菜、甘蓝等，常见的水果，偶尔投喂瘦肉、昆虫、蜗牛等。

3. 生长繁殖

安布闭壳龟卵呈细长形，每窝产 1～6 枚，每年产 2 窝，孵化期为 1.5～3 个月。

[人工繁殖]

1. 繁殖条件 有些饲养者推荐模拟热带地区冬季的环境。沿赤道地区，冬季的温度和光照时间不会发生太大改变，但是热带雨林将经历一个旱季，在降雨量偏低的时期，当池塘、沼泽和稻田干涸时，野生的安布闭壳龟会挖掘洞穴进行夏眠。其摄食将没有规律。在大型饲养场地中模拟这些条件大约 6 周也许能促进交配。然后就如同初春，将池塘的水重新灌满。在环境恢复正常的 2～4 周之后亲龟将进行交配。有些饲养者建议在第一次交配后将雄龟隔离。当雄龟几天以后被放回时，可能会激发其再次进行交配，这能提高受精率。注意：该龟有高度好斗的习性，好斗的雄龟会伤害甚至杀死雌龟。如果雄龟好斗，应注意保护雌龟，1 只雄龟配 2 只或更多的雌龟或许能有所帮助。提供有藏身处的栖息地对雌龟的安全非常必要。

2. 种龟选择

闭壳龟应该养殖至少 1 年且身体健康活泼、食欲旺盛。完全性成熟的雄龟尾巴更宽更长，腹甲很可能稍有凹陷。性成熟的雌龟，腹甲平坦和尾巴纤细。雄龟将通过咬扯雌龟的甲壳或脖颈上部发出交配的信号。

3. 场地布置

对繁殖亲龟应尽所能提供最大的容器，营造出前面描述的类似热带雨林环境。除了常规的游水区和有晒背石的陆地区之外，雌龟还将需要一块产卵区用来掩埋龟卵，可用一个装满 10.2～15.2 厘米深灭菌陶土的塑料桶制成，有的饲养者将土和干净的沙子混合用于埋卵。大型户外圈养地对种龟来说最好。同时必须注意控制温度。

4. 产 卵

从 4 月开始，安布闭壳龟每窝产 1 或 2 枚卵。5～6 月之间，间隔 2～3 周挖掘巢穴。一般产卵不会超过 4 窝。卵呈白色，外壳易碎，为长椭圆形。

5. 孵 化

孵化器可以从爬虫用品商店里购买。也可以自己动手制作。准备一个有盖子的塑料容器，在盖子上钻许多孔以使空气流通。配备带温控的加热带。有些饲养者用毛巾将塑料容器的底部和四周包裹起来，并放置到一个更大的盒子里，这样能加强保温，确保加热稳定。

［人工饲养］

1. 饲养管理

安布闭壳龟胆小，怕惊动，一旦周围有响动或有人靠近时，即将头、四肢完全缩入壳内，一般30分钟或过长时间后才慢慢张开龟甲，伸出头来。安布闭壳龟爬动较少，2～3天仍呈一个姿势。

对新购入的安布闭壳龟首先置于安静较暗的环境，3～4天后放一些瘦肉、香蕉、水供其食用及饮用。由于安布闭壳龟适应能力差，一般2周左右才能开食。适宜的环境温度为25℃以上，18℃左右停食，15℃左右逐渐进入冬眠阶段，极限温度为10℃以上。

2. 饵料选择

安布闭壳龟在野生的环境下以食水生植物为主，但在人工饲养的情况下，很容易接受鱼类和瘦肉，不过如果喂过多动物性蛋白质，会引起肾衰竭而导致死亡。因此其饵料应以植物类为主，肉类只占一小部分。植物类包括：浮萍、水藻、蔬菜（绿叶菜、甘蓝等），还有一些常见的水果，偶尔投喂瘦肉、昆虫、蜗牛等。

3. 环境布置

安布闭壳龟是闭壳龟里最亲水的品种，大部分时间都在水中活动，但其水性并不是很好，所以在布置环境的时候水位不要太深，刚没过龟背即可，这样龟一抬头就可以浮出水面；水位也不要太低，如果半个龟背露在外面则很容易爆壳。

陆地的面积可以占 30% 左右，最好用玻璃板将饲养箱隔开，陆地可以用沙石或平坦的沉积岩，方便龟晒壳。每天最好保证有 1～2 小时的自然光照，如果没有条件，紫外灯是不可少的。由于原产地气候决定了该龟不会冬眠，所以要用加热棒使其度过一个暖冬。

二十二、果　龟

[概　述]

果龟，又名马来果龟、扁山龟、六板龟或里海泽龟，是产于东南亚地区的一种龟，分布在缅甸、泰国、柬埔寨、马来西亚西部、印尼、越南及新加坡。

[生物学特性]

1. 形态特征

果龟可以通过扁平背甲上的 6 或 7 块椎盾来辨别（绝大多数淡水龟类有 5 块椎盾）。背甲有一条较低的不连续的脊棱，扁平，呈橄榄色、浅黄褐色或红棕色，稚龟的背甲呈鲜绿色。头部呈褐色，幼体有 2 条浅黄色的纵纹。腹甲上有不完全的铰链结构，趾上有全蹼。成年雄性的尾部显得相对更长更粗，腹甲稍显凹陷。成年的马来甲龟背甲可以长到 32 厘米。

2. 习　性

果龟栖息在长有丰富水生植物的浅水中，如沼泽、湿地和森林中的溪流。其活动、捕食受温度影响较大，不能长期生活于 15℃ 的环境中；低于 20℃ 时，停食且少动；25℃ 以上能捕食。

果龟主要吃水生植物，以植物茎叶为主。人工饲养条件下，果龟仅食香蕉、苹果、黄瓜、番茄、菜叶等植物。性情胆小，害羞，不易接近。

3. 繁殖习性

一般认为果龟圈养很难养活，所以对于其繁殖习性，人们近乎一无所知。

[人工饲养]

1. 饲养环境

（1）**室内饲养** 果龟对环境要求较高，需提供经过过滤的温水，以及有许多天然藏匿场所的陆地。藏匿场所可以包括热带植物和小型的常绿灌木。树叶和棕榈叶堆能增加其"安全感"。底材首先铺一层细石砾，然后上面一层为一半泥炭藓一半潮湿的沙子的混合物，最后再盖上厚厚的柏树枝以保持湿度。围场上方应放置一枚紫外荧光灯，晒背场地上方则放置一盏100瓦的聚光灯。果龟很少晒背，当有人靠近时，其会退到最近的掩蔽物下。多在早晨或是傍晚时分活动。

（2）**户外饲养** 果龟适合栖息在拥有陆地和浅水（10～13厘米）的半水栖型围场内。陆地处应该种上各种地被植物、较大一点的灌木和植物，以提供隐匿场所。果龟在雨后尤其好动，当环境较为温暖（27～29℃）时，活动旺盛。有报道称，该龟不喜欢高温和过强的光线，所以要提供有遮阴的休憩场所。在炎夏午后最热时间，可打开洒水装置，给龟降温。

2. 饲　喂

果龟为杂食性。人们曾经发现其采食蚯蚓、蜗牛、蛞蝓和蟋蟀。此外，还应该供给大量切细的各种蔬菜瓜果，3天喂1次。除了蚯蚓，香蕉和杧果也被证明用于新果龟开食是非常有效的。待其开始进食以后，建议加入一些高蛋白质食物，如浸湿的商品龟粮，拌入切碎的果蔬。

二十三、黄额盒龟

[概 述]

黄额盒龟又名黄额闭壳龟、海南闭壳龟、金龟等，主要分布于在越南北部和我国的广东、广西、海南。

[生物学特性]

1. 形态特征

黄额盒龟背甲上的图案有极丰富的色彩，但大多数都是在椎盾处棕色的区域，由中央往下则有奶油色的线纹。肋盾为耀眼的浅茶色，有的有斑驳的图案。缘盾则为对比强烈的深棕色。腹甲多为黑色或深棕色。头部是浅色的（奶油色，黄色，绿色或灰白色），两侧可有黑色的窄条纹。下颚和颈部下方呈明亮的浅黄色。

雌雄龟差别不明显，相对来说，雄龟的尾巴稍粗一些。壳长 10～18 厘米左右。头中等，头顶平滑，上颚缘平直不钩曲。背甲高隆，壳高为壳长的二分之一，背棱明显。腹甲大而平，前后缘圆，无凹缺。肛盾单枚，无纵沟。腹甲与背甲以及腹甲前后二叶均以韧带相连，腹甲二叶能向上完全闭合于背甲。指（趾）间具半蹼。尾短。

2. 生活习性

黄额盒龟仅分布于热带地区，生活在高海拔的森林中，丘陵山区及浅水区域，通常都在植被下层较为安全隐蔽的地方活动。以肉食性饵料为主。对环境温度要求较高，适应能力差，环境改变后一般不进食。

3. 摄食习性

黄额盒龟在 17℃ 左右开始逐渐不食，冬眠温度也不宜低于 15℃ ；22℃ 左右少量进食、爬动，28℃ 是最佳进食温度。

4. 繁殖习性

每年 6～10 月为繁殖期。卵白色，呈长椭圆形。

[人工饲养]

1. 饲养环境

黄额盒龟属半水栖型龟类，饲养环境要布置成水陆式，水深不得高于其背甲高度的 2/3，或以龟在水中不漂浮为宜。也可将龟置于 5 厘米深的浅水中饲养。黄额盒龟通常都很胆小，难以饲养。野外捕获的黄额盒龟普遍存在拒食行为，营造一个尽可能舒适的环境有助于解决这个问题。

准备一处大的饲养场所，铺上苔藓或落叶和树皮，黄额盒龟需要高湿的环境，应保持苔藓的湿润。应有供饮用和泡澡的小水塘，水温要与环境接近。饲养场所内既要有凉爽荫蔽的地方，也要有日光照耀的温暖区域。

2. 饲养管理

家庭饲养首先做好保温，温度范围在 24～30℃，与龟产地的气温相差不大，三四天后进行诱食，以蝗虫、蚯蚓、鱼肉、虾肉、猪肉为主，如有条件用小乳鼠更佳。诱食时要有耐心，切忌使龟受惊。日常投喂肉类、小昆虫类，辅以苹果、番茄、卷心菜。该龟主要为肉食性，也会进食一些水果和蔬菜，但更喜欢蚯蚓、蟋蟀和幼鼠。活饵可以诱使其开食。每周往食物中添加 1 次钙以满足龟的需求，饲养场地中还应放置乌贼骨让龟来啃咬。

二十四、黄头庙龟

[概　述]

黄头庙龟是国际濒危物种，我国国家二级保护动物。其食性与大多数的水龟相同，属于杂食性，而与其他水龟不同的是，其更偏好植物性饵料，因此平时投喂以青色的叶菜类为主，配合水果类辅助即可。幼龟在快速生长期间，为补充营养，可以投喂鱼虾类食物及配合饲料。黄头庙龟的胆子很小，所以需要给予其足够的时间来适应新的饲养环境。

　　黄头庙龟是典型的大型半水龟，有一定的陆栖习性，饲养要注意配备陆地环境。其生长速度较快，年增重可达 1 千克以上，所以在饲养之前要考虑有没有足够的饲养空间，之后再去入手。黄头庙龟与西瓜龟、泽巨龟并称为亚洲体形最大的"三大水龟"。下山黄头庙龟的饲养难度较高，不建议新手饲养。目前市场上可见到子一代人工苗，饲养难度较低，可以尝试。

［ 生物学特性 ］

1. 形态特征

　　庙龟头部为黑色，侧面及眼眶处有不规则的黄色横向条纹。龟整体呈椭圆形，幼体后缘略呈锯齿状，随着年龄的增长逐渐钝圆化。腹甲前缘平切，后缘缺刻。四肢为灰褐色，指（趾）间具蹼，有较强的游泳能力。尾部为肉灰色，长短适中。头较小，顶部呈黑色，体长可达 50 多厘米，最大体重可以超过 20 千克。头部散布着黄色的小杂斑点，眼眶黑色，有黄色碎斑点，上颌中央呈"W"形，且具有细小的锯齿。头侧部无明显纵条纹。背甲隆起较高，呈黑色，腹甲黑色到黄黑交杂，个别为淡黄色。四肢灰褐色。指（趾）间具蹼。尾适中。雌雄鉴别：雄性腹甲中央凹陷，尾粗且长；雌性腹甲平坦，肛孔距腹甲后边缘较近，尾短。

2. 生活习性

　　黄头庙龟生活于江湖、溪流，能短时间生活于海水中，但也有一定的陆栖习性。其原生环境接近于热带气候，温度较高，休眠期很短，不能适应于我国北方的寒冷气候，两广及海南、云南、福建南部以外地区的朋友建议加温饲养。江浙及湖南、贵州、四川、江西等地有少数例子表明该龟可以在当地气候下存活，但生长速度受影响较大。白天喜欢群体堆积在一起，夜间喜欢泡在水中。多数时间将头缩入壳内，傍晚或夜间爬动较多，受惊后会发出"呼"的喘息声。

3. 摄食习性

该龟为杂食性偏植物性，偏爱食瓜果蔬菜，特别是红薯藤、南瓜、木瓜，偶尔也食鱼虾等动物性饵料。当气温下降到18℃以下时，开始不吃不喝进入冬眠。

4. 繁殖习性

性成熟的个体在水中交配，在岸上的沙土中产卵。每年的4～8月是亲龟的产卵期，在营养足够、环境适合的条件下，每只雌龟每年可产卵10～20枚，卵受精率可达70%以上。

[人工养殖技术]

1. 龟池建造

庙龟对饲养设备要求不严，各种池均可，但须布置成水陆两便式，即在一个池中既要有水，又要有陆地。亲龟池一般选择建在室外，形状没有特别要求，一般为长方形，面积5～800米^{2}均可，亲龟的放养密度一般为1～2只/米^2，每2只雌龟配置1米^{2}的产卵场。龟池要配备进排水系统。池高一般为80厘米，在50厘米处留水位口，以保持水位在50厘米以下。在池的一侧斜坡上，按照每20只亲龟设1个2米^{2}的食料台。在池子的周围种植苗木，产卵场上方加盖遮阳挡雨板。

2. 亲龟选留

从健康的野生龟中选留，要求体重达到8千克以上，无伤残，雄龟和雌龟的比例为1：3，也可以从野生龟做亲本的子一代健康商品龟中选留，要求年龄在6冬龄以上，体重在5千克以上，无畸形，无伤残，雄龟和雌龟必须在不同的种群中选留，避免近亲繁殖。

3. 饲料选配与投喂

可直接投喂瓜果蔬菜，但每隔 3 天用 9% 粉状甲鱼配合饲料搭配 90% 新鲜蔬菜、碎瓜果，再添加 1% 甲鱼多维或多糖健壮素等搅拌成团投喂。每天投喂量按龟体重的 3%，每天 1 次，以晚 6 时投喂为宜。

4. 饲养管理

新进的黄头庙龟很少爬动，多数时间将头缩入壳内，傍晚或夜间爬动较多。绝大部分下山龟身上带有寄生的水蛭，需要用清凉油或碘酊等药物涂抹驱除，也可用高锰酸钾溶液或浓食盐水浸泡。黄头庙龟的食性较单一，少数略带肉食性，人工饲养下主投瓜果或蔬菜。对已熟悉环境且开食的龟应单独饲养，待逐渐驯服使其不怕人后，再与其他龟混养，这样可避免弱者受欺的现象。

在饲养管理中，温度是养好龟的关键。春、夏、秋三季，气温较高且稳定，温度在 23℃ 以上可正常进食、消化、排便。初春、深秋之季，由于温度不稳定，饲养中掌握不好，极易患病，一般 18℃ 以下不喂食，20℃ 左右喂食后，环境温度需保持在 23℃ 以上，不能长时间低于 20℃；若无条件加温，则可停食。无须担心龟会饿死，只需保持环境一定的潮湿。过冬温度为 10℃ 以上为佳，不能长时间低于 5℃。成体黄头庙龟过冬水深至颈盾以下即可，幼体可提升至背甲。过冬时，尽量少惊动龟，温度也不要提高到 17℃ 以上，否则，龟将苏醒爬动，从而消耗体力，对龟有害。翌年开春，气温回升到 20℃ 以上后，应开始投饵。

二十五、广西拟水龟

[概　述]

广西拟水龟属淡水龟科、拟水龟属，又称假红边龟、石龟、石金钱龟、黄喉水龟，我国分布于广西地区，国外分布于越南北部边境处，是广西壮族自治区保护动物，是传统食用药用龟类，正宗龟苓膏原料，市场需求量最大。钦州市十万山区野生的广西拟水龟是拟水龟中个体最大、生长快、繁殖率高的优良品种，深受养殖户欢迎。

[生物学特性]

1. 形态特征

广西拟水龟体中等，头部呈三角形，头顶部光滑，头部色深，为橄榄黄褐色，夹杂有零星黑点。眼球黑色，两旁角膜各有一线状小黑点；眼睑部灰绿色。眼后侧有一条黄色狭长斑纹与颈部淡黄色表皮相连；喙后角有一条淡黑纹延伸至耳鼓下方。耳鼓膜灰黑色。喙部及颈部淡黄色。背甲隆起较低，甲长140毫米左右。雄性背甲橘黄色；雌性背甲褐色，前缘圆，后缘略呈锯齿状，具3棱，脊棱明显，侧棱弱而清晰。脊棱上有一条由颈盾至臀的粗黑线。腹甲略短于背甲，腹甲黄色，左右2个宽大的纵黑条斑几乎遮住整个腹部，仅腹甲中央及边缘黄色。甲桥大部亦为黑色条块所覆。四肢较扁，指（趾）具爪，全蹼。尾适中，呈灰黑色；尾背覆以细鳞，后段腹面鳞片成对。雄性尾较长，泄殖孔距尾基较远。

2. 生活习性

广西拟水龟属水龟类，栖息于山区丘陵溪涧及河流中，多数时间在水中嬉戏觅食，有时也到灌木林觅食。4～9月产卵，年产卵3～4次，每窝1～7枚，卵重15～20克，20～33℃摄食，29～31℃时食量大、生长快。15℃以下冬眠，水温35℃时龟仔不适，38℃水温持续2小时以上会导致龟仔死亡。人工养殖冬天加温时要小心注意。

3. 摄食习性

广西拟水龟为杂食性，取食范围广，野外食昆虫、节肢动物，也食小鱼虾、螺、蚬、瓜果类。每年的6～9月是食欲最旺、生长最迅速的一段时间。

4. 繁殖习性

广西拟水龟养殖性成熟需要5冬龄，少部分发育良好的亲龟4冬龄开始试产卵。产卵时间为4～8月，以5～7月产量最多、最好，每次产卵时间间隔为20～30天。

［人工养殖技术］

1. 龟池建设

广西拟水龟养殖池分稚、幼龟培育池，成龟养殖池和亲龟养殖池。为便于养殖生产管理，养殖池以小型水泥池为主。

（1）稚、幼龟池 培育池为水泥池结构，建设面积在6～8米^2，深度为0.2～0.4米，池中建有深水区、浅水区和斜坡陆地。斜坡角度一般为15°，底端斜入池中部，顶端与池堤相连，斜坡顶端与要低于池堤面至少15厘米。在斜坡陆地上离水位线20厘米处建设与池堤并行、长度与池堤等长、宽20～30厘米、深5～10厘米的浅水槽，浅水槽最低水位处设1排水孔与池外排水管相通。在池中深水区池角面上盖1块水泥板，水泥板大小以能盖住水池深水区面积1/4～1/3即可，在水泥板下的深水区域投放3～4块可露出水面的石块。在水泥板上建花圃，种植藤蔓或宽叶的常绿植物。为了节约养殖空间和土地资源，广西地区的多数庭院养殖户用塑料箱、盆、桶或泡沫箱代替稚、幼龟水泥池。

（2）成龟池建设 为水泥池结构，面积6～12米^2，池中设有长度与池边相等、宽度为30～40厘米的平台，平台离池面垂直距离为20～30厘米，平台靠池内的一侧设角度为15°左右的斜坡斜入水中。在池子深水区的一个池角面上加盖一面积为2米^{2}的水泥板，水泥板面上种植藤蔓或宽叶的常绿植物。在水泥板下的深水区域投放3～4块可露出水面的石块。在养殖池正常水位以上的斜坡处建设一与池边平行且等长的半圆形浅水槽，水槽宽度40厘米，最深处深度为8厘米，在最深处设一排水孔与池外排水沟相通。

（3）**亲龟池建设**　与成龟养殖池相同，为水泥池结构，面积 $6\sim12$ 米^2，池中设有长度与池边相等、宽 $50\sim60$ 厘米、沙子深 $20\sim30$ 厘米的沙地，沙地表面离池面垂直距离为 $20\sim30$ 厘米，沙场靠池内的一侧设角度为 $15°$ 左右的斜坡斜入水中。在池子深水区的一个池角面上加盖一面积为2米^{2}的水泥板，水泥板面上种植藤蔓或宽叶的常绿植物。在水泥板下的深水区域投放 $3\sim4$ 块可露出水面的石块。在养殖池正常水位以上的斜坡处建设一与池边平行且等长的半圆形浅水槽，水槽宽度40厘米，最深处深度为8厘米，在最深处设一排水孔与池外排水沟相通。

2. 稚、幼龟选择

稚龟的外观要符合品种特征要求，体表洁净，双眼有神，脐部收敛良好，无损伤、无畸形；幼龟的规格一致，龟体完整无畸形，健壮活泼，头颈、四肢收缩灵活。

3. 培育前准备

（1）**培育池消毒**　用高锰酸钾20克/米^{3}或漂白粉10克/米^{3}全池泼洒、浸泡30分钟后，用清水冲洗干净药液，然后注入新水。

（2）**龟体消毒**　稚、幼龟入池前用3%～5%食盐水浸泡5～10分钟。

4. 培育密度

由于广西拟水龟不会因为放养密度过大而互相攻击，因此可以进行高密度养殖，一般体重10克以下的，按 $100\sim120$ 只/米^2；体重 $10\sim25$ 克，按 $80\sim100$ 只/米^2；体重 $25\sim50$ 克，按 $60\sim80$ 只/米^2；体重 $50\sim75$ 克，按 $40\sim60$ 只/米^2；体重 $75\sim100$ 克，按 $30\sim40$ 只/米^2；体重 $100\sim150$ 克，按 $20\sim30$

只/米²。

5.饲养管理

（1）**饲料种类**　包括动物性饲料、植物性饲料以及人工配合饲料。动物性饲料有鱼、虾、贝、螺、蚌、蚯蚓、黄粉虫及其他水陆生昆虫等，植物性饲料有嫩植物、青菜、瓜、果等，人工配合饲料以成龟配合饲料为主。

（2）**饲料投喂**　将动物性饲料切碎或搅成肉糜后投喂，稚、幼龟配合饲料加适量水搅拌制成小团粒投喂；或把动物性饲料搅成肉糜与配合饲料拌和投喂。投喂按照"四定"原则。

定时：每天早8时、晚6时各投喂1次。

定位：饵料固定投放于斜坡的浅水槽的饵料台上。

定量：日投喂量占龟总体重的5%～10%，以投喂后30分钟内吃完为宜，酌情增减。

定质：投喂的饵料要软嫩、新鲜、适口。幼龟阶段，小的动物性饲料直接投喂，大的动物性饲料切成小块或搅成肉糜后投喂，幼龟配合饲料加水搅拌制成团块投喂，或把动物性饲料搅成肉糜后与幼龟配合饲料拌和投喂。每天早8时、晚6时各投喂1次，日投喂量占龟总体重的3%～5%，并根据天气、温度适当调节，一般以投喂后1小时内吃完为宜。不管是稚龟，还是幼龟，在饲料投喂选择上要多种饲料交替投喂，每隔5天投喂1次香蕉。

（3）**水质管理**　保持水位稳定，适时更换新水。28℃以上时，每天全池换水1～2次；24～28℃时，1～2天换水1次；24℃以下可少量换水，视水质、天气情况灵活掌握。换水时要防止温度突变，温差不能超过2℃。每次投喂2小时后要冲洗1次斜坡上的浅水槽，清除浅水槽内的污物、残饵，然后注入新水。此外，定期进行水质检测，确保水质符合标准。

二十六、玳 瑁

[概　述]

玳瑁（*Eretmochelys imbricata*）是属爬行纲、海龟科的海洋动物。一般长约 0.6 米，大者可达 1.6 米。头顶有 2 对前额鳞，吻部侧扁，上颚前端钩曲呈鹰嘴状；前额鳞 2 对；背甲盾片呈覆瓦状排列；背面的角质板呈覆瓦状排列，表面光滑，具褐色和淡黄色相间的花纹。四肢呈鳍足状。前肢具 2 爪。尾短小，通常不露出甲外。

玳瑁主要的生活区是浅水礁湖和珊瑚礁区，珊瑚礁中生活着玳瑁最主要的食物——海绵。玳瑁是唯一能消化玻璃的海龟。玳瑁的食物还包括水母、海葵、虾蟹和贝类等无脊椎动物以及鱼类和海藻。玳瑁的角质板可制作眼镜框或装饰品，甲片可入药。

[生物学特性]

1. 形态特征

玳瑁体形较大，背甲曲线长度 65～85 厘米，体重 45～75 千克。背甲棕红色，有光泽，有浅黄色云斑；腹甲黄色，有褐斑。头及四肢背面的盾片均为黑色，盾缘色淡。吻长，侧扁；上颚前端钩曲呈鹰嘴状；下颚骨纤细，下颚联合长，略短于眼的纵径；颚缘无锯齿，但具纤细的斜直条纹。头背具对称大鳞，前额鳞 2 对；颈前部、喉、颏部具若干小鳞。背甲较平扁，呈心形；盾片呈明显的覆瓦状排列，老年个体渐趋平铺；颈盾宽短，与第一对缘盾平列向前凸出；椎盾 5 枚；肋盾 4 对，第一对肋盾不与颈盾相接；有一条明显的脊棱自第一椎盾贯穿至最后一枚椎盾；侧棱极弱（幼体时十分明显）；缘盾每侧 11 枚，在体后三分之二处形成明显的强锯齿状；2 枚臀盾略大于相邻的缘盾，两臀盾隙呈凹缺。腹甲前后缘弧形，前端具一扇形间喉盾；肛盾中缝最长，其余盾片中缝约相等；自肱盾至肛盾中央隆起，形成腹甲两侧的棱嵴，棱嵴之间形成凹陷；两侧具4枚一列的下缘盾；在腋区具4枚或数目更多的鳞片；在胯区有1～2枚鳞片；盾片均具辐射线。四肢呈桨状，前肢长于后肢，覆有并列大鳞和盾片，每肢外侧具2爪。尾短。

2. 生活习性

玳瑁是海洋中较大而凶猛的捕食性动物，经常出没于珊瑚礁中，主要捕食鱼类、虾、蟹和软体动物，也采食海藻。它的活动能力较强，游泳速度较快。喜欢在珊瑚礁、大陆架或是长满褐藻的浅滩中觅食。虽然玳瑁是杂食性动物，但最主要的食物是海绵，且只觅食几个特定的海绵物种，如海绵纲，特别是星骨海绵目、螺旋海绵目和韧海绵目海绵。除海绵外，玳瑁的食物还包括海藻、水母和海葵等刺胞动物，也捕食极为危险的水螅纲动物僧帽水母，有时也会捕食虾蟹和贝类。

玳瑁对于猎物有很强的适应力和抵抗力，其觅食的一些海绵对于其他生物来说往往是剧毒致命的。此外，玳瑁还会选择一些富含硅质骨针的海绵为食。

由于玳瑁有异常坚实的甲壳，因此天敌较少。鲨鱼和湾鳄算是玳瑁的天敌，章鱼和某些海洋表层鱼类也会捕食成年玳瑁。而且由于玳瑁经常采食海绵，身上会带有某些海绵难闻的味道，而且由于玳瑁取食有毒的海绵和刺胞动物，其肉中含有相当水平的毒性，因此有时可以使某些天敌望而却步。玳瑁的性情较为凶猛，遇捕捉时会有咬人的举动，如果没有受到伤害，一般不会主动攻击人类。

3. 繁殖习性

雌玳瑁每2～3年会回到出生地，进行交配大西洋玳瑁的繁殖期一般是4～11月，而生活在印度洋，如塞舌尔的玳瑁种群的繁殖期则是9月至翌年2月；在太平洋，我国沿海的玳瑁一般是每年 3～4 月繁殖，而在马来西亚的海龟岛上，玳瑁则会于 7～10 月产卵。

雌龟在每个繁殖期中能产下 3～6 窝卵，每隔 14～16 天产 1 次卵。雌龟产卵时，白天爬上沙滩扒穴产卵，坑穴直径约20厘米，深 30～60 厘米，产卵完后，再用沙子埋好抹平，并做好伪装。

玳瑁的卵为白色球形，外壳革质，直径约为 3～4.5 厘米，重 20～31.6 克。一般来说，玳瑁一次产卵 120～130 枚。在数个小时的产卵过程结束后，雌龟就会返回大海。产卵是目前已知玳瑁离开海洋的唯一理由。过 2 个月左右，龟卵就会在某个夜里孵化。刚出壳的玳瑁稚龟体重通常为 8～19.5 克，背甲和头颈顶部为黄褐色，头颈部侧面和嘴为暗灰色，前足两面均为灰色，足后部边缘略带白色，后足两面和腹甲均为暗灰色，腹甲后部有两条发白的脊。

出壳后稚龟会本能的奔向大海，这是由于其被映在海面上的月光所吸引，但是这种本能行为会被路灯等人为光源扰乱，这样就会使其迷失方向，在黎明前不能到达大海。由于稚龟灰暗的体色在白天非常显眼，那些在黎明前没有进入海洋中的稚龟就会被水鸟和方蟹等天敌猎食，或者由于过于干燥脱水而死。

[人工养殖技术]

1. 养殖设施

玳瑁的饲养池应选择环境安静、水源便利、通风良好和光线充足的地方，夏季配有遮阴设施，冬季使用带圆锥形塑料薄膜池顶的圆形水池，并带有便于人工操作的供电和排水等设配。

2. 投喂饲养

玳瑁为杂食性，并且随着年龄的增长，食性会变得更为复杂。饲养玳瑁可用新鲜的鱼、虾、软体动物、海带、海藻及海鱼，但玳瑁也会经常拒食一些食物，原因可能是食物不适口，或者是不适应环境温度，大约 1 周后随着其适应环境，不再拒食。

用活泥鳅作为玳瑁的动物性饵料，辅以海带、紫菜和大白菜，饲喂效果较好。

3. 日常管理

玳瑁的性情较为凶猛，在捕捞和运输时很容易因反抗出现外伤。在较小的水池中玳瑁容易互相争斗，造成咬伤、撞伤等外伤，如果不及时处理则会感染水霉病及其他疾病，造成患处溃烂以及脱甲，因此饲养较有难度。

玳瑁对环境的适应性较强，但是如果管理不得当，也会患病。玳瑁对水质要求严格，需要与海水 pH 值和盐度相似，适宜的 pH 值为 8.0～8.5，氨氮含量为 0.1～0.2 克 / 米^3。玳瑁常见病包括：沙门氏菌引起的痢疾性肠炎，水质污染引起的肿脖子症，阳光不足、水温过低、水质差、含盐量不足引起的水霉病，维生素 A 缺乏引起的眼疾，营养失衡，感冒，其他口腔及消化道疾病，以及各种细菌、真菌、寄生虫引起的疾病。长期饲喂高脂肪鱼肉会导致肝功能下降，增大心肌梗塞的可能性。

4. 病害防治

要饲养好玳瑁，必须注意饲料、水温、水质、消毒灭菌、用药等多方面。玳瑁如果缺乏维生素 A，可饲喂鱼肝油；缺乏多种维生素，可饲喂六合维生素或施尔康治疗营养失衡；治疗外伤可用红药水等药品涂抹患处；治疗感染需先进行药敏实验以确定用药，感染性皮肤病需要外敷和内服相结合；治疗感冒可肌内注射青霉素、安痛定等，内服板蓝根等药物；肿脖子症和水霉病需要较多的治疗工作，包括换水、消毒、用药等。

二十七、斑点池龟

[概　述]

斑点池龟（*Geolemys hamiltonii*）属淡水龟亚科、池龟属，

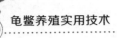

别名哈米顿氏龟、池龟、黑池龟。

[生物学特性]

1. 形态特征

斑点池龟背甲黑色，布满白色斑点，背甲长椭圆形，中央 3 条嵴棱明显，中间一条最明显。腹甲黑色，布满白色斑点，前缘平切，后缘缺刻。头部较大，黑色，布满大小不一且无规则的黄白色杂斑点，喙呈流线型。四肢灰褐色，布满细小白色斑点，指（趾）间具蹼。尾黑色，有细小斑点，较短。

2. 生活习性

斑点池龟为水栖龟，生活于溪流、湖泊及池塘中。它性情活泼，不怕人。18℃以上正常活动会正常吃食。15℃以活动量明显减少，逐步进入冬眠状态。

3. 摄食习性

斑点池龟为杂食性，喜食鱼虾、瘦肉，也食植物性饲料。

4. 繁殖习性

斑点池龟于 5～6 月产卵，每次 10～40 枚，卵白色，长椭圆形，卵长径 55.4～61 毫米，短径 26～32.8 毫米。当孵化温度在 30℃时，孵化期 65 天左右。

[人工养殖技术]

1. 场　地

斑点池龟一般建池饲养。饲养池应砌成水陆两便式，水位以淹没龟身为好。

2. 饲　料

斑点池龟适应力强、活泼、易驯服，只要环境适宜，很快就会主动吃食，每天喂食 1 次，以鱼虾、瘦肉为主，并保持水质清爽。

3. 温　度

当气温到 15℃时，宜将斑点池龟移入室内越冬，室温保持在 10～14℃，保持这个范围以便让其冬眠。斑点池龟不耐寒，不能长期处于 9℃以下，否则体力消耗过大，便会浮水。

二十八、放射陆龟

[概　述]

放射陆龟又叫辐射陆龟，是一种花纹非常美丽的龟类，在爬宠市场的人气非常高，虽然已经大量进口，但价格依然居高不下。放射陆龟是世界上最珍稀的陆龟之一，分布区域在非洲、南美、南亚和东南亚。

[生物学特性]

1. 形态特征

放射陆龟具有典型的陆龟体态：高高隆起的背甲，粗钝的头部，粗大的四肢。背甲颜色鲜艳，四肢和头部的颜色都是黄色的。它是具有星状花纹的龟中最大的一种，个别能长到将近 40 厘米甚至更长，这一点是其区别于其他星龟的最显著特征。此外，其与其他星龟，诸如印度星龟之类的一些陆龟不同，放射陆龟每片背甲的中央并不隆起，十分平滑，其星状花纹看起来也比其他种类的陆龟更为清晰。雄性与雌性放射陆龟之间外表差异较小。一般来说，雄性的尾巴较长，雄性腹甲的凹陷也比雌性要明显得多。

2. 生活习性

放射陆龟生活在长满灌木和森林的干燥地带。喜干燥、温暖环境，怕寒。环境气温 22℃以上能正常进食，最适宜气温为 27～33℃，18℃时活动少，无冬眠期。放射陆龟较其他陆龟腼腆，活动少，喜欢趴伏在龟窝中休息。

3. 繁殖习性

每年 5 月、7～9 月为繁殖季节，每次产卵 3～12 枚。卵长径 36～42 毫米，短径 32～39 毫米，重 35～48 克。孵化期长达 145～231 天。

4. 摄食习性

野生放射陆龟喜食大戟属植物及灌木的棘。人工饲养喜食白菜叶、苹果、西瓜、香蕉、番茄等水果和蔬菜。

[养殖技术]

人工饲养条件下已经可以对放射陆龟进行繁殖。由于年轻的雄性和成熟的雌性之间存在大小比例问题，雄性一般要长到 33 厘米左右才能够成功交配。在交配过程中，雄龟在一开始会跟着雌性并围着雌性转圈，向雌龟上下点头，嗅闻雌龟的后腿，并试图用自己的前部把雌龟顶起，以防其离开。如果雌龟原地不动，雄龟就会爬上其背，开始交配。交配中除了甲壳相撞发出的声音之外，雄龟还会发出叫声。

当雌龟准备产卵时，先挖掘一个巢，用后腿挖出一个 15～20 厘米深的洞，产下 3～12 枚卵，然后覆土离开。在野外放射陆龟卵的孵化期是不同的，在 145～231 天不等。稚龟在刚孵化出来时，大小在 32～40 毫米之间，背甲很鲜艳，条纹是白色的；而成体的条纹是黄色的。刚孵出来的稚龟身上的网状条纹已经很清晰了。

第三章
龟类的包装与运输

一、龟类的包装

（一）单个体软包装

用纱布或毛巾布缝制成近似子弹袋样的存储袋，每条袋可分成4～5格，每格内装1只，格的大小要比待运的龟体宽三分之一左右，在装袋之前要将存贮袋及龟身体清洗干净。如运绿毛龟，应在水中对绿毛清洗梳理，由上而下、由前而后梳理顺，挤掉水渍，将绿毛顺序叠在龟背上，尽量不要披散在龟背四周，之后把龟平放在包布上，包扎时要适当用力，使龟四肢及头尾缩入壳内，不要让龟有伸头或伸腿的余地，包裹妥当后，用布条或扎绳做"十"字形反复捆绑牢固。装袋后扎好存贮袋的封条或扣子，并用清洁水洒湿或浸湿袋子，然后把存贮袋装入运龟箱内，注意运龟箱应有通气孔。

（二）少量包装

如是绿毛龟等龟类，且只数不多，可用四方毛巾或纱布直接包裹住龟体，龟的头部裹一层即可，背腹部裹两层，再用棉绳或布条软绳捆扎牢，还可把绿毛龟直接放入内壁光滑的玻璃缸（注意玻璃缸口须有湿纱布盖住并扎牢，并且一龟一缸），再放入箱

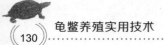

体有气孔的泡沫箱中。

（三）仔龟和幼龟包装

1. 网　袋

网袋由聚乙烯鱼花网片缝制而成，一端缝死，另一端通过包缝在该口缘的扎绳，可方便地收缩袋口并扎好。其尺寸一般长40～50厘米、宽28厘米。

2. 塑料小盒

取无毒透明的塑料小盒，其内壁须光滑无毛刺，且四周壁和盖顶上留有若干通气孔（孔径2～5毫米）。小盒尺寸一般长与宽均为15～18厘米、高6～8厘米。

珍贵品种的仔龟包装材料需无毒、内壁光滑的小盒。此种仔龟小盒有的无隔格，有的则有"十"字格，最多每盒放4只，要用干净的湿软布或棉花作包衬，将仔龟包好。

3. 装　运　箱

装运箱是盛放上述2种直接包装容器或仔龟盒的，可选用带通气孔的纸箱、无毒塑料周转箱、泡沫塑料箱；大批空运仔龟，特别是珍贵品种，系采用纸箱或泡沫塑料箱，而大批运输普通龟多用带孔塑料周转箱。

二、龟类的运输

（一）运输工具

1. 运　输　桶

运输桶为椭圆形的木桶，约长85厘米，宽55厘米，高40厘米，桶底有数个滤水孔，每桶可装运活龟约20千克。运输桶也可用塑料制成，装载量根据容积而定。

2. 低温运输桶

低温运输桶是一种高温季节的运输工具，为椭圆形木桶，其长宽与运输桶相似，高为 55 厘米，桶底较深，底板有出水孔数个，另外在离桶底约 1/3 处用木条制成隔板，将木桶分割成 2 层，下层装活龟 20 千克，上层装冰块 15 千克左右，在桶内起降温作用，使龟处于人工操作下的冬眠状态。

3. 活 龟 箱

活龟箱是一种高温季节的包装运输工具，为木板或白铁制成，大小规格可根据需要而定。箱底周围有出水孔，中间可嵌放大小不同的格板，以每格放一只龟为好，格底铺一层水草，上面再铺 5 厘米细沙，细沙上面再铺一层水草，再盖上箱盖。也可以几个箱叠在一起，在最上面放上冰块，冰水由第二层一直地滴到底层，起到降温作用。

4. 活 龟 篓

活龟篓是一种高温季节运输活龟的工具。一般为竹篾制成，其上口稍大，边长 40～45 厘米，下底稍窄，边长 33～38 厘米，高约 38 厘米。空篓可互相叠起，装运时用水草垫底，装一层活龟铺一层水草，一般每篓可装 5 层活龟，重约 20 千克。

（二）运输方法

活龟的运输分短距离运输和长距离运输 2 种：几小时到三四天时间的运输称为短距离运输；1 周以上时间的运输称为长运输。短距离运输方法简单、管理方便。长距离运输对技术要求较高。一般 7～10 天的远途运输采用低温运输桶、活龟箱、运输桶、冷藏车等运输工具。至于 2～3 个月的长时间运输，必须用完全密封的运输桶，桶底置细沙 7～8 厘米厚，并把水注入沙中，在途中要每天换 1 次水。如果用冷藏车装运，让龟处于冬眠状态，其运输效果更佳，成活率更高。

活龟在运输前，如气温较高，对饲养和暂养的龟应停食 2～

3 天，使其排出粪便，以减少运输工具和活龟的污染。运输前应将活龟挑选 1 次，及时剔除不健康及伤残龟，经过挑选的活龟用 20℃以下的凉水冲洗 1 次，并浸泡 10 分钟，以清洁皮肤和降低活动能力，防止污物带进运输工具内。

（三）运输注意事项

在夏天运输时，应注意消暑和通风，运输途中要洒水，以保持湿度。在冬天，应注意保温，多绑布或棉花，同时要用 20℃左右的温水来加温洒水，以保持湿度。

龟运达目的地后，拆开笼、袋进行检查，提供饮水和饵料，并把伤、病、弱龟拣出做以下处理：

对运输过程中出现的碰、压伤和病龟要进行治疗或做药用、食用处理，未变质的可食用；高温季节，龟已死亡但龟肉未腐烂的，应立即用刀子从龟的甲壳进刀，将腹甲与背甲掀离，剔除龟肉；再将龟的腹甲与背壳用河沙炒干，医药上称为"败龟炙板"，仍有很高的药用价值。

绿毛龟在运输前应停食 2～3 天，包装前洗净，梳好毛。

包装一般用白色的布，其宽度约为龟甲长度的 2.5 倍，长度可按气温而定，天气较凉时可多包几层，夏天由于天气炎热，包 2～3 层即可。

在夏天运输时，应注意消暑和通风，运输途中要洒水，以保持湿度。在冬天，应注意保温，多绑布或棉花，同时要用 20℃左右的温水来加温洒水，保持湿度。

到达目的地后，将龟慢慢地从包装中取出，再将其放入与原地水温相近的水中，然后将绿毛梳直，不能一下子放入温差很大的水体中，以免龟不适应温差而造成死亡。

第四章
龟类病害防治

一、龟发病的原因

（一）放养密度不当

放养密度与疾病的发生有很大的关系，密度过大，龟代谢产物多，对于水龟来说易影响水质，而陆龟则影响栖息场地，感染病原体的机会也就增加，为疾病流行创造了有利条件。合理的放养密度要视养殖条件、养殖水平以及养殖品种而定，一般名贵及易咬尾的品种以稀疏为宜。例如，石金钱龟稚龟放养密度以 $80 \sim 100$ 只 / 米^2 为宜，随其生长不断加大空间。

（二）饲养管理不当

在养殖过程中，如果长期投喂营养不全面的饵料，就不能满足龟生长发育的需要，发生营养性疾病，继之降低龟的抗病力，从而易感染病原体，造成疾病的流行。如龟缺少钙元素，就会出现腐甲，甲片不正常脱落，种龟会产软壳蛋；缺少维生素 E，亲龟性腺发育不好、繁殖力降低、产卵量减少及易患脂肪肝等。所以在饲养方面要注意饵料营养搭配。此外，如果投喂变质的饵料，极易引起龟消化道系统疾病，如肠胃炎、肺炎等。若投喂不根据龟每日的需求量，投喂量无规律，造成时饱时饥，摄食不均，会逐渐削弱龟的抵抗力，导致龟发病。要适当增加粗粮及新鲜的蔬菜、鱼肉、牛肉，不要投喂单一饲料。不要盲目投喂市面上的一些所谓营养药物，是药三分毒，应尽可能地用饵料满足龟所需的营养。注意适量投喂，不可过量。

（三）机械性操作不当

在捕捞、运输龟时如果操作不当，容易让龟擦伤、压伤。一旦出现伤口，在水中很容易感染病毒、细菌、真菌，这也是造成龟发病的主要原因之一。所以在捕捞、运输龟鳖时要注意，发现有伤的龟要及时隔离并处理。

二、龟常见病及防治方法

（一）断　尾

【病　因】

（1）**营养缺乏**　一般出现在龟苗时期，由于龟体虚弱，营养缺乏，尤其是维生素的缺乏，或者疾病导致尾尖枯萎、坏死。

（2）**咬伤**　龟的尾巴韧性还是很强的。体形大小相当的龟，一般没有能力直接咬掉对方的尾尖，但会咬伤，伤口如果消炎及时，很快就会痊愈，但如果不幸感染，一般会坏死脱落。

（3）**腐皮**　严重的腐皮往往伴随尾尖坏死，经常发生在成体。这种断尾的特点是初期看不出来什么异样，但某天尾巴突然就剩半截。

（4）**折断**　多发于龟苗，在没有水的情况下，龟苗靠着容器壁不断攀爬，尖细的尾尖直戳容器底，很容易折断，一段时间后会自行脱落。

【预　防】

龟一旦断尾，是不可能恢复如初的，因为丧失的是尾骨，伤口愈合初期，由于结缔组织修复过程中胶原蛋白的增生，末端会出现膨大，随着时间的推移逐渐变尖变长，但节数不会增加。重在预防。

（1）幼苗时期加强营养，保证龟苗健康强壮。

（2）避免不同体形大小和种类的龟混养。

（3）提供洁净无杂物无缝隙的饲养环境。

（4）禁止龟苗在无水情况下攀爬。

（二）断　指

【病　因】

（1）**咬伤**　龟在进食时指甲担任着重要角色，其用指甲将食物撕成碎块或者适合吞咽的形状，所以，指甲上经常会残留食物碎屑，如果饿极了的同伴去吃这些碎屑，后果是可想而知的。

（2）**腐皮**　腐皮往往伴随着指甲的大量脱落，严重时候甚至连指骨都烂掉。这种断指的特点初期没有任何征兆，某天换水时龟用力一扒，指甲就不见了。

（3）**水质过敏**　是温室龟最常见的情况之一，指头肿胀，然后指甲脱落，这是因为温室龟由于长期生活在恒温并加有抗生素的水体中，免疫力很低下，在家庭饲养的新环境中很容易感染。

（4）**磨损**　在运输和贩卖的过程中，龟会尽力逃脱，指甲也会磨掉或折断。

【恢　复】

断指造成的品相问题是除了断尾之外最受关注的问题了，但一般认为这个问题并不严重，只要指甲根还在，都会再长出来，有的甚至指骨烂掉，经过修复，还是会长出新指甲。

【预　防】

（1）喂食时尽量分开，投放饵料要足量多，切不可引起争食。

（2）保证水质，减少感染机会。

（3）合理使用可以磨指甲的底材。

（三）烂　甲

该病虽然没有断指高发，但后果比断指严重很多。

【病　因】

（1）**水质过敏**　一般出现在温室龟和野生龟中，温室龟由于长期生活在恒温并加有抗生素的水体中，免疫力很低下，适应能力不强，在常温饲养和接触新的水体后常发生烂甲；野生龟长期生活在弱酸性并富含有益微生物群落和腐殖质的水体中，对水质要求很高，人工饲养后也会因为水质变差而烂甲。

（2）**瘀伤**　一般出现在新买来的商品龟中，由于路途的颠簸碰撞，龟甲下有瘀伤，但起初完全看不出来，随着时间的推移，瘀伤处变色，之后开始和周围组织出现界线，最后导致大片的深层烂甲。

（3）**缺乏维生素**　偏素食性的龟类尤其容易烂甲，原因可能和其对植物来源维生素的依赖性有关，尤其是维生素 C，因此人工饲养应该尽量给其提供足够的新鲜植物饵料；而对于马来食螺龟，烂甲的原因很可能和它对软体动物体内丰富的维生素 E 的依赖性有关。

【恢　复】

伤口愈合后，烂坑会慢慢埋口填平，但颜色和质地会与周围健康龟甲有所不同，经过蜕甲或磨平会慢慢变得不明显，值得一提的是，恢复后，腹甲的生长线往往会像河流那样改道或者分支，而背甲一般不会出现这种情况。

【预　防】

（1）绝大多数淡水龟亚科和大多数龟亚科的龟，尤其是产于东南亚的龟，一般需要弱酸性水，最适宜的 pH 值是 6.5～6.8 之间；而猪鼻龟则需要弱碱性水；钻纹龟则需要弱碱性的半咸水。如果有 pH 试纸，可以检测。

（2）有条件的话，尽量用循环水过滤系统过滤或者养鱼的水来养龟；没有条件可以用晾过的自来水（注意，是晾水而不是晒水，晒水会导致水的 pH 值升高），晾水的容器中常年放些水草，预防烂甲的效果会更好。

（3）温室龟和野生龟的饲养初期应多干养，每天只泡水几个小时，然后慢慢延长时间，让其逐渐适应水质。

（4）对于烂甲高发品种，如中华花龟、安布闭壳龟、孔雀龟等东南亚龟类，饲养初期可以在水中加入少量维生素 C。

（5）增加水的溶氧量，因为导致烂甲的细菌主要是厌氧菌。

（四）塌　背

【病　因】

水龟背甲生长线的生长很依赖水，很多人害怕龟呛水或者呼吸费力，采用浅水饲养，长期的低水位环境使龟背甲的第 2、3、4 椎盾长期缺水不生长，随着肋盾、缘盾及第 1、5 椎盾正常生长，体形越来越扁，最终导致塌背。

【恢　复】

在提高饲养水位后，幼龟和不严重的年轻成体会慢慢得到矫正，最终趋近于正常体形，年老的成体或者严重的年轻成体很难恢复。

【预　防】

饲养水深必须过背，水陆分明。

（五）隆　背

【病　因】

普遍认为是蛋白质摄入过剩导致甲片变厚，但这种说法是不科学的，准确来讲，饵料缺乏维生素 D_3 或者钙磷比低影响钙在骨骼中的沉积，从而导致龟的骨骼生长缓慢，而与此同时，龟甲由于不缺乏蛋白质而正常生长，这种不同步生长导致龟甲来不及延伸而从生长线接缝处隆起。

【矫正和恢复】

年幼的龟如果及时改善饲养方法，以后新长出的甲片会变得平滑延展，随着时间的推移，原先隆起的甲片最终也会整片蜕掉（龟亚科）或者逐渐磨平（淡水龟亚科）；而成年龟则由于甲片下的软组织已经隆起，很难恢复成正常的样子。

【预　防】

提供高钙磷比的食物，保证阳光或紫外线的照射。

（六）磕碰、划伤

该病是家庭饲养中常出现的意外。

【病　因】

（1）饲养环境空间落差太大导致摔伤。

（2）逃跑、放风、换水时意外摔落。

（3）用棱角尖锐锋利的石头做陆地，龟在上岸时容易划伤生长中的柔软腹甲中线。

【恢　复】

不考虑烂甲，浅层的磕碰伤一般会随着龟蜕甲和磨平而消失，深层的需要时间较长，假如是某一片缘盾整个掉落，则无法恢复。腹甲的划伤一般不会太深，康复后会变得不光滑，但随着时间的推移会慢慢变得光滑细腻。

【预　防】

（1）环境适宜安全，不要用棱角尖锐锋利的石头做陆地。

（2）轻拿轻放，防止意外。

（七）头部胶原组织损坏

塌鼻、头顶有坑的龟都属于此类。

【病　因】

（1）龟在运输过程中挣扎逃跑造成擦伤。

（2）求偶时被其他龟咬伤。

【恢　复】

健康的龟很快会结痂，正常情况下掉 3 次痂后，伤口就能长平，颜色和质地经过很多次蜕皮后最终会恢复原状，但在营养缺乏或者虚弱的情况下，恢复后往往会留下永久的坑。

【预　防】

（1）非交配期雌雄分开饲养。

（2）避免头部和容器的摩擦。

（八）喙质破损、脱落

【病　因】

（1）腐皮。

（2）喙质磨损，一般发生在下喙，龟在试图逃跑的过程中，下颚和容器壁摩擦所致。

（3）用镊子喂食时龟经常咬镊子。

【恢　复】

比起指甲的再生，其恢复得非常慢，在恢复过程中应提供充足蛋白质。

【预　防】

（1）预防腐皮。

（2）尽量不要用透明的容器饲养，因为龟会不停地想爬出去。

（3）用镊子喂食尽量不要让龟咬到镊子。

（九）肠 胃 炎

【病　因】

龟类进食后，由于环境温度突然下降，或投放饵料不新鲜清洁，或水质变坏，均可引起龟患此病。

【症　状】

患病轻微的龟粪便中有少量黏液或粪便稀软，呈黄色、绿色或深绿色，采食减少。病重的龟粪便呈水样或黏液状，呈酱色、血红色，停止进食。

【防　治】

治疗可在饲料中加入少量的黄连素、氯霉素（食用龟禁用，全书同）或其他抗菌药物。如果不进食，则进行肌内注射，也可以用上述药品的溶液浸浴龟体，不过疗效不明显。龟患肠胃炎要及时治疗，一般等到它不进食的时候就很难治愈，多以死亡告终。

（十）败 血 病

【病　因】

引起该病的绿脓假单细胞菌广泛存在于土壤、污水中。主要经消化道、伤口感染。饵料、水源中也有该细菌的存在。

【症　状】

病龟没有食欲，进食少，呕吐，排黄色或褐色脓状粪便。

【防　治】

预防重于治疗，平时注意环境卫生及饲料、饮水的清洁，减少细菌感染。治疗可将链霉素拌入饲料内，或者用链霉素溶液浸浴龟体。

（十一）疖 疮 病

【病　因】

大多为水栖龟和半水栖龟发病。病原为嗜水气单细胞菌嗜水亚种，常存在于水中及龟体表、肠道等处。水环境良好时，龟为带菌者；一旦环境恶化或者体表受伤，病菌大量繁殖，引起龟患病。

【症　状】

龟颈部、四肢有数个黄豆大小的白色疖疮，用手挤压四周有黄色、白色的豆渣状内容物。病龟初期尚能进食，食量逐渐减少，严重者停食，反应迟钝。一般2～3周可导致病龟死亡。

【防　治】

首先将病龟隔离饲养，将疖疮里的内容物全部挤出，用碘酒搽抹患处，并敷上土霉素粉，再将涂有土霉素或金霉素眼膏的棉球塞入患处，然后将病龟放入浅水中。对停食的龟应灌食，并在饲料中混入抗生素药物。

（十二）腐 皮 病

【病　因】

该病由单孢杆菌感染引起。龟皮肤受伤时，病菌乘虚而入，引起受伤部位皮肤组织坏死。

【症　状】

病龟的患部溃烂，表皮发白。

【防　治】

首先清除患处的腐烂表皮和死皮，然后用金霉素眼膏涂抹患处，再在饲料里加入抗生素口服配合治疗。

（十三）摩根氏变形杆菌病

【病　因】

摩根氏变形杆菌是腐生寄生菌，广泛存在于泥土、阴沟、污水及各种腐朽物质中，可经龟的消化道、呼吸道、体表伤口及尿道感染。

【症　状】

发病初期，龟鼻孔和口腔中有大量的白色透明泡沫状黏液，后期流出黄色黏稠液体。病龟不安爬动，不吃食，少量饮水。

【防　治】

龟发病后立即隔离治疗，肌内注射氯霉素、链霉素等抗菌药，口服或浸泡治疗一般没有效果。

（十四）腮 腺 炎

【病　因】

该病主要是因水质污染引起的。病原是点状单细胞菌亚种。

【症　状】

病龟行动迟缓，常在水中、陆地高抬头颈，颈部异常肿大，后肢窝鼓起，皮下充气，四肢水肿，严重者口鼻流血。

【防　治】

用呋喃西林溶液（食用龟禁用，全书同）浸泡，或将人用治疗腮腺炎的药物酌量拌入饲料里口服治疗。

（十五）感染性烂甲病（腐甲病）

【病　因】

甲壳磨损或受挤压，细菌侵入而导致甲壳溃烂。

【症　状】

病龟的背甲或腹甲最初出现白色斑点，慢慢形成红色斑点，用力挤压有血水渗出，并有腐臭气味。严重的甲壳表面会溃烂成洞，腋窝和胯窝鼓胀。病龟停食少动，有缩头现象。

【防　治】　对该病应以预防为主。

1. 预　防

（1）保持水质。

（2）定期给龟池消毒。

（3）定期对龟体表消毒。可用 25% 食盐水浸浴龟体 15～20 分钟，也可以用 15～20 克/米^3 高锰酸钾溶液浸浴龟体 20～30 分钟。待龟体晾干后放回。

2. 治　疗

（1）将盾片挑破，挤净血水，剔除病灶，用双氧水擦洗患处，再用高锰酸钾结晶粉或优碘直接涂抹。

（2）维生素 E，每千克龟体每天口服 60～90 毫克，连用 10～15 天。

（3）卡那霉素，每千克龟体肌内注射 24 万国际单位，隔日再注射 20 万国际单位。此法对腐皮病及红脖子病也有显著的疗效。

（十六）营养缺乏性骨骼软化症

【病　因】

由于长期投喂单一饲料、熟食，使日粮中的维生素含量不足，造成龟体内缺乏维生素 D，钙磷比例不当或缺钙，均可引起龟的骨质软化。此病多见于生长迅速的稚龟、幼龟。

【症　状】

病龟运动困难，四肢关节粗大，背甲、腹甲较软。背壳表层鳞甲逐渐脱落，严重者的指（趾）爪脱落，不愿活动乃至静伏不动，食欲明显减低，有的出现惊厥，最后昏迷死亡。

【防　治】

在饲料中适量添加虾壳粉、贝壳粉、钙片、维生素 D 以及复合维生素。并让龟多接受阳光的照射，也可使用紫外线灯。

（十七）脐　炎

【病　因】

幼龟刚出生后饲养在水泥池或不光滑的容器里，腹部磨破而感染，若不及时治疗幼龟极易死亡。

【症　状】

幼龟腹部卵黄囊处突起、化脓。

【防　治】

该病只发生在刚出生的幼龟，因此在选购幼龟的时候一定要注意。

（十八）乳头状肿瘤

【病　因】

乳头状肿瘤是由被覆上皮的真皮衍化出的纤维结缔组织所形成的良性瘤。通常与体表蚂蟥或皮肤血管中的旋睾虫有关。

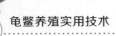
【症　状】

瘤体外观呈大小不一的菜花状，突出于皮肤表面。开始时，瘤体光滑、圆形，以后表面变粗糙，坚硬如角质状。多出现在四肢和颈部。

【防　治】

最好在夏季将瘤切除，然后在创口处涂抹防感染抗生素药品，伤口愈合前不要放在水中，以防感染。

（十九）纤　维　瘤

【病　因】

纤维瘤是由一种由纤维缔结组织产生的局部性良性肿瘤，由X病毒引起。

【症　状】

瘤体为结状的突起，呈圆形或椭圆形，大小不等。当瘤体位于体表时病龟不会出现功能障碍，但不及时治疗容易恶化成为纤维肉瘤，并转移到龟体内器官，造成功能障碍。

【防　治】

同乳头状肿瘤。

（二十）感　染

【病　因】

龟体出现伤口并因外部环境不洁而导致伤口感染。

【症　状】

局部红肿，组织坏死，有脓液。

【防　治】

对刚形成的新鲜伤口应立即用双氧水清洗伤口，然后涂抹抗生素防感染。如果已经形成感染，应先将伤口里的脓液和坏死物质清除，形成新鲜创面，再按新鲜伤口进行治疗。

（二十一）溺 水

【病 因】

半水栖龟被放在深水之中，无法将头伸出水面进行呼吸，导致呛水。

【症 状】

龟颈部水肿，四肢无力。

【防 治】

发现病龟后将龟的头部朝下，让水从鼻孔流出，并用手指有规律地挤压龟的四肢和腋窝。水基本排净后将病龟放在干燥通风处，可慢慢恢复。

（二十二）口 腔 炎

【病 因】

龟误食尖锐异物，导致口腔表皮损伤或形成溃烂，从而引发口腔炎。另外龟体内缺乏维生素 C 也易患此病。

【症 状】

病龟口腔溃烂，表皮有白色坏死炎症，严重者有脓性分泌物，停止采食。

【防 治】

用消毒棉清除体表外部的脓液，然后用西瓜霜喷洒龟口腔内的溃疡部分，每天 1 次。在饲料中拌入适量抗生素配合治疗。

（二十三）食 道 炎

【病 因】

龟误吞硬物，或进食虾蟹等甲壳类动物时导致食道损伤，进而引发伤口病变，产生炎症。

【症 状】

龟食道黏膜破损，口腔内有异味，停止进食。

【防　治】

用广谱抗生素的溶液浸浴病龟。

（二十四）肺　炎

【病　因】

气温突然下降而引起龟肺部发炎。此病经常出现在夏季或冬眠期间。

【症　状】

病龟鼻部有鼻液流出，呼吸急促，声音较平时大，口边有白色黏液。患此病的陆栖龟会大量饮水。

【防　治】

冬季保持龟舍内温度恒定，夏季注意龟舍的通风。对病龟及时进行隔离治疗，可用链霉素、青霉素等药物的稀释液浸浴。

（二十五）体外寄生虫

【病　因】

龟在野外活动中感染寄生虫，种类有蜱、螨、蚤等。人工饲养的龟发病率很低。

【症　状】

龟体消瘦，病龟体表用放大镜可以看到寄生虫。

【防　治】

发现病龟立即用 0.5 克 / 米^3 硫酸铜溶液浸浴龟体 20～30 分钟，每天 1 次，1 周后可治愈。

（二十六）体内寄生虫

【病　因】

龟进食时将各种寄生虫的卵或虫带入体内，使其寄生于龟的肠、胃、肺、肝等部位，造成内脏功能衰竭，严重者死亡。体内寄生虫的种类有血簇虫、锥体虫、吊钟虫、隐孢球虫、线虫，棘头虫等。

【症　状】

病龟消瘦，食欲差，摄食量少。

【防　治】

在龟的饲料里拌入适量驱虫药，如肠清虫、左咪唑等。禁止投喂腐烂变质的食物。

（二十七）越冬死亡症

【病　因】

在冬眠前，龟的体质相对较弱，加之冬眠期的气温、水温低，龟难以忍受长期的低温而死亡。也有部分龟在秋季冬眠前没能及时补充营养，体内储存的营养物质不能满足冬眠期的需要，导致死亡。

【症　状】

冬眠前，龟的四肢瘦弱、肌肉干瘪。用手拿龟，感觉较轻。水栖类龟经常漂浮在水面。

【防　治】

冬眠前增加投喂量，并添加复合多维、矿物质等营养添加剂和抗生素。如果条件允许，可使用恒温器，不让龟冬眠，以免发生意外。

（二十八）出血性败血症

【病　因】

该病由嗜水气单细胞菌引起。

【症　状】

病龟皮肤有出血斑点，严重者皮肤溃烂、化脓。

【防　治】

用氟哌酸或青霉素溶液浸泡病龟，但治愈率不高。

（二十九）感　冒

【病　因】

龟突然受到寒冷刺激或突然移到低温环境中。

【症　状】

鼻孔有黏液流出，食欲不振或停止进食。

【防　治】

陆栖龟应用含有青霉素的温水浸浴，并在饲料中加入治疗感冒的药物口服配合治疗，但用药一定要适量。水栖龟在水中撒入粗盐，然后也是在饲料中加入抗生素类药品。感冒一定要及时治疗，龟在感冒期间免疫力下降很快，容易感染其他病原而导致并发症。

（三十）红脖子病

【病　因】

该病多发生在梅雨季节，细菌侵袭使龟患病。

【症　状】

病龟的咽喉部和颈部肿胀，肌肉水肿，反应迟钝，行动迟缓，食欲减退。

【防　治】

该病极易传染，死亡率高，一旦发现龟患此病，应立即隔离治疗，并对饲养池及环境进行消毒。

对病龟可采用氯霉素、土霉素等抗生素治疗。氯霉素针剂肌内注射，每 500 克重的龟用 100 000 国际单位。

（三十一）白 眼 病

【病　因】

眼部受伤或水质不好刺激眼部，病龟用前肢擦眼部，感染细菌所致。该病多见于红耳龟、乌龟、黄喉水龟、黄缘闭壳龟、眼斑水龟等，以幼龟发病率较高。春、秋季为流行盛期。

【症　状】

病龟的眼部发炎、充血、眼球肿大。眼角膜和鼻黏膜因眼的炎症而糜烂，眼球的外部被白色的分泌物掩盖。病龟常用前肢擦眼部，行动迟缓，不再摄食。严重者时，病龟眼睛失明，最后日渐瘦弱而死。有些病龟在发病初期仅有一只眼患病，如不采取措施，很快另一只眼也出现症状。

【预　防】

（1）**加强饲养管理**　越冬前和越冬后加强营养，增强抗病能力。

（2）**消毒养龟器皿**　养龟的玻璃缸、水族箱等用10%食盐水浸泡30分钟，用清水浸洗干净后再养龟。

（3）**青霉素或高锰酸钾溶液浸浴**　这既是预防措施，又可用于早期治疗。稚龟用20克/米^3，幼龟至成龟均用30克/米^3，浸浴时间长短依水温高低而定，必要时每天浸浴1次（40分钟），连续浸浴3～5天。

【治　疗】

（1）多喂动物肝脏。

（2）消毒。利凡诺，又名雷佛耳，配成1%水溶液浸浴，每天1次，每次40～60秒，连3～8天。

（3）呋喃西林（或呋喃唑酮）溶液浸浴。稚龟用20克/米^3，成年龟与幼龟用30克/米^3，每次40分钟，每天1次，连用3～5天。

（4）氯霉素眼药水滴眼。

（三十二）其他眼病

1. 眼睑无法睁开

病因主要是环境干燥。

治疗可水浴和提高湿度。

2. 目窠肿胀（眼睑肿胀）

病因是维生素 A 缺乏或接触异物。

治疗方法如下：

（1）用灭菌过的水清洗眼部。

（2）如果怀疑维生素 A 缺乏，可滴眼或肌内注射水溶性维生素 A，每周 1 次。

（三十三）肺　炎

【诊　断】

初期，病龟发热、呼吸困难，有时有哮鸣声，目光暗淡且流眼泪，流鼻涕或鼻冒水泡，重者鼻孔结痂，眼圈发白，龟体逐渐消瘦，缩头，停止摄食，继续恶化可致肺脓肿、坏疽，最后窒息死亡。

【预　防】

重点是预防感冒。保持龟舍内温度恒定，温差变化不大。夏季注意通风。环境温度突降时，及时增温。换水时要保持前后水温一致，最大温差应控制在 2℃以内。

【治　疗】

（1）肺炎初期每千克龟体用病毒灵（食用龟禁用，全书同）0.4 克、维生素 C 0.2 克拌饲料投喂。

（2）每千克龟体肌内注射青霉素或链霉素 5 万国际单位，每日 2 次，连续注射 3～5 天。

（3）每千克龟体每次肌内注射头孢氨苄 1 克，连用 3～4 天。

（4）每千克龟体每次肌内注射卡那霉素 6 万国际单位，每日 1 次，连用 4～5 天。

（三十四）呼吸道疾病

【病　因】

流鼻液是一般上呼吸道感染的症状。所有龟都可能出现上呼吸道感染的症状，豹纹龟多发，可全年发病，而且在感染初期很难察觉到任何征兆，容易复发。

上呼吸道感染通常会在一大群及混养几个不同品种的情况下发生，如果没有及时发现及处理便可能迅速地扩散。不要轻视轻微的鼻液征兆，并以为天气好转或稍为调整饲养箱的温、湿度龟便会自行痊愈；如果没有正确的治疗，可能发展为极难治疗的慢性或急性肺炎，有时还会并发口腔炎，令病情变得更加复杂，给治疗带来困难。

多尘的环境（令呼吸道黏膜发炎）、异物倒塞鼻孔、温度或湿度不当、日晒不足、环境拥挤、营养不良及压力等因素都易使龟感染呼吸道疾病。

【预　防】

（1）提供营养健康的饲料，保证龟体质健壮。长期饲喂人类食物有害无益，会降低龟的体质。

（2）新购入的龟可能有潜在的症状，携带细菌、病毒或寄生虫，应经过最少6个月的检疫隔离期，证明其健康后方可混群。严禁新龟与其他品种的龟接触。来自不同地方的龟有抵抗不同病原体的能力，但这些病原体可能危害其他品种或个体。

（3）提供舒适的环境。减少或避免犬或其他动物干扰、龟之间的冲突、小朋友的把玩等。

【治　疗】

首先，检查龟的鼻孔内有没有异物，如沙粒、草种等，发现后应立即清除。如果未见异物，应请兽医化验龟腔分泌物以确定病原，并做药敏试验选择最佳治疗药物。这一点十分重要，一种抗生素并不可能治疗所有细菌感染。很多病原容易对药物产生耐药性，化验结果可以让兽医对症下药。

对于一些温和及轻微的感染，通常可使用一些抗生素滴剂，滴入龟的鼻孔中，每天1次。操作前先用纸巾尽量清除龟鼻孔内的分泌物，然后把龟竖立抱起，依兽医指示的剂量用注射器慢慢地把滴剂滴入龟的鼻孔内。最佳的滴药时间应该是在龟临睡前或遵循兽医的指示。

对某些品种的龟而言，如果天气转凉及环境潮湿，应为病龟提供温暖的休息地。

保证用药疗程，在病症消失之后仍需持续用药 1～2 周以防复发。在使用抗生素时必须注意，有些龟如豹纹龟、挺胸龟可能会对药物呈过敏反应，服药后如出现呕吐、鼻孔或口腔内有白沫，此时应立即停止服药及通知兽医处理。肾上腺素会抑制免疫系统的功能，所以不可以用于已经患病或受伤的动物身上。

有些感染的情况较为复杂，如同时感染 2 种以上病原，并发或继发溃疡性的口腔炎、慢性或急性肺炎等，此时应立即向兽医求诊。因为龟的代谢率缓慢，而药物过量易使之中毒，所以兽医通常会每隔 48～72 小时才给龟注射 1 次抗生素。

在治疗的同时应提供舒适的环境及良好的营养，提高龟体免疫力。通常建议温度在 28～30℃或视乎品种而定。另外亦要注意提供饮水。有些药物可能会影响肾脏功能，脱水会导致肾衰竭，如果龟不愿意饮水，可经皮下或体腔注射补液，5～10 次不等。影响肾功能的药物通常从前肢注射；一般药物则通常从后肢注射。可试用喷雾疗法，在兽医的指示下用生理盐水稀释抗生素注入化雾器内，让龟吸入混有药物的蒸汽，每天 4 次。

对于龟的呼吸道感染治疗越早越好，越晚处理便越难根治。该病对龟可以是致命的。有条件的应每天检查龟的鼻孔，当发现鼻孔出现分泌物时应立刻就医，切勿延误。

对于病毒感染无特效治疗方法，可以试用阿昔洛韦（80 毫克/千克体重，口服，每日 1 次），或许能使症状略有缓解，但并不会改变预后结果。

近年来的研究显示，支原体和巴斯德菌属的感染在龟类呼吸道感染中起着重要的作用。有人建议联合运用抗生素治疗：①强力霉素，10 毫克/千克体重，口服，每天 1 次，连用 10 天。盐酸头孢噻呋，4毫克/千克体重，肌内注射，每天1次，连用2周。②恩诺沙星（百病清），5毫克/千克体重，肌内注射，口服，连用10天。恩诺沙星＋泰乐菌素＋盐水：冲洗鼻腔，每日1次，疗程数周。

引起龟类感染的细菌大多为革兰氏阴性菌，可应用下述的联合治疗：①选用氨基糖苷类抗生素或第三代头孢菌素治疗革兰氏阴性菌感染，如庆大霉素、卡那霉素、头孢他啶、头孢噻肟等。②选用甲硝唑（灭滴灵，食用龟禁用）治疗厌氧菌的感染。③治疗期间避免发生脱水。由于陆龟都是用膀胱来蓄水的，在脱水状态下容易发生肾脏损害。经过抗生素治疗后，无菌肠道综合征是难以避免的并发症，需要投喂活性酸乳酪或健康龟的粪便以建立正常的肠道菌群。

表现明显症状的龟多以死亡告终。因此对于呼吸道疾病应防患于未然。平时注意提供干净舒适的生活环境，避免不必要的操作（如洗澡），恒定的室温、完善的新龟检疫隔离制度都是预防的基本措施。

（三十五）直肠阻塞

【病　因】

由于喂食后，环境温度昼夜变化较大时，尤其在春秋季，引起龟消化器官的功能减弱，同时温度的降低使龟的泄殖腔孔紧缩，使饵料不能被正常消化、粪便不能正常排出，越积越硬，最终导致肠管破裂，引起龟死亡。

【症　状】

病龟经常缩头，不食，无粪便排出。

【治　疗】

将病龟立即移至温度较高的地方（一般为27℃左右）。用开塞露挤入泄殖腔孔内，并用棉花球堵住泄殖腔孔，以防液体流出，10分钟后，将棉花球拿出，看有无粪便排出，若无，可继

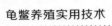
续用药。病情严重的龟一般治疗无效。

陆龟便秘通常由肠道阻塞引发。异物（如沙子、岩石等）、膀胱结石以及寄生虫都是常见原因。其中，膀胱结石是便秘的主要原因。在治疗方面，除了可以用开塞露以外，把香油灌在空心菜里喂龟亦能收到很好的效果。

另外也可以给龟食用芦荟，作为轻泻剂使用。值得注意的是，芦荟伤肝伐胃，不适合大量饲喂。

（三十六）中耳和内耳感染

【病　因】

目前已从龟耳内分离出变形杆菌属、假单胞菌属、摩氏摩根菌、柠檬酸杆菌、肠杆菌属和其他细菌。

【症　状】

箱养龟最常见，也见于海龟，可见骨膜明显肿胀，有干酪样物。

【防　治】

最好进行引流手术，全身用抗生素治疗。维生素 A 缺乏症可继发该病，注射维生素 A 或饲料中添加维生素 A 对治疗有益处。

最后，最好用生物胶将伤口粘起来。也可以用创可贴保护伤口。口服大量抗生素消炎。

考虑到伤口比较大以及消毒、感染等问题，建议找专业的兽医治疗。

（三十七）膀胱结石

【病　因】

龟体脱水，营养不当。

为了保存水分，龟体会产生尿酸和尿酸盐之类的含氮代谢废物，在排便时将这些废物以白色半凝胶物质排泄出来。在脱水的情况下，膀胱会对尿液进行重吸收。这样，含有尿酸盐的废物就会渐渐地形成固体结晶，妨碍排便或压迫后肢的坐骨神经。

【症　状】

病龟表现乏力，后肢局部麻痹，肛门红肿，便秘，难产。

【治　疗】

对病龟行膀胱切开术和取石术。

（三十八）原 虫 病

龟体一般携带多种原虫，多数共栖无害。最严重的致病原虫是阿米巴虫。

【症　状】

病龟表现厌食、体重下降、呕吐、黏液性或出血性腹泻，最后死亡。慢性病例常见肝脓肿，内有大量的阿米巴滋养体。剖检肉眼可见从胃一直到泄殖腔的肠道内出现溃疡灶，溃疡可发展为干酪样坏死、水肿、出血。肝型可见肝脏肿大、多发性局灶脓肿、质脆。诊断依据新鲜粪便涂片、组织压片或组织学切片见到滋养体或孢囊。

【治　疗】

侵袭性内阿米巴虫病最好用灭滴灵治疗，剂量为160毫克/千克，口服3天，每天总剂量最大400毫克/千克。肌注盐酸依咪叮，剂量2～2.5毫克/千克，每日1次，连用10天。

有报道称鞭毛虫，特别是六鞭毛虫属可引起海龟尿道病。治疗药物：二甲硝咪唑，40毫克/千克，口服5天；灭滴灵125～275毫克/千克，口服，2周重复1次。

龟有几种球虫寄生，其中克洛斯球虫寄生虫在肾，等孢子球虫寄生在胆囊和肠道，艾美耳球虫寄生在肠道。病的严重程度依寄生虫的品种和被寄生龟的情况而定。可以用磺胺甲氧嗪20%溶液肌内或皮下注射，首次剂量80毫克/千克，后4天40毫克/千克。也可用4-磺胺-5,6-二甲氧嘧啶，首次剂量90毫克/千克，后5天45毫克/千克，用胃管投药。

（三十九）冻　伤

【症　状】

龟体器官末端出现冻疮，冻部皮肤变色，有的形成坏死、脱落；有的出现麻痹，不能活动。

【治　疗】

对冻伤龟应及时安置在温暖（5～10℃）、清洁、安静之处，避免感染。

（四十）挫伤与蜕皮障碍

挫伤会导致龟的腹甲、背甲骨折，清洗局部伤口，在浅麻醉下修补龟壳，缺损用环氧树脂修复，但愈合缓慢，可能经过1年以上蜕皮障碍。

【病　因】

湿度低，各种应激反应，甲状腺功能降低、外寄生虫、营养缺乏、传染病，缺少适用的粗糙表面。

【症　状】

病龟表现鳞甲脱落不完全或不当。眼罩和（或）尾部、趾部的年轮带常发生残留。

【治　疗】

将龟放在25～28℃水中浸泡几个小时，然后用纱布金属棉轻轻地擦。用甘油之类的软化溶液泡软滞留的蜕皮后，用镊子摘去眼罩，抓住残留部分的边缘，轻轻撕下。

龟蜕皮期间提供大块的岩石或其他人造物供其磨蹭，能加速蜕皮。

（四十一）适应不良综合征

【病　因】

龟不能适应新饲养环境。

【症　状】

龟表现为嗜睡、厌食、恶病质和死亡。

【防　治】

防止环境异常变化以及提供适口食物，可能使病龟恢复，但常常以死亡告终。投食前给龟舍内喷雾可诱龟采食，升高环境温度、照射日光或白炽灯光也能增加食欲。根据报道，注射维生素 B_{12} 能增加食欲，改善采食行为。

在适宜的温度下长时间拒食的病龟必须强迫喂食后才可能开始自己采食。

（四十二）吻突过度生长

【病　因】

龟的上下颌咬合不正，吻突没有磨损，出现吻突过度生长。修剪一段时间后该病能够复发。

【症　状】

龟吻突过度生长异常，妨碍正常采食。

【治　疗】

病情重的可修剪、纠正口腔开口处，使上下颌咬合正。

如果病情不太严重，可以给龟投喂比较硬的食物，如切的不太碎的胡萝卜、仙人掌等，这样一段时间后可以磨平。

（四十三）烫　伤

【病　因】

龟接触高温物体或热水。

【治　疗】

用浸透水溶性抗菌药的湿绷带敷创面，1～2 天更换 1 次绷带。严重烫伤病例，需要体腔内或皮下输液，防止发生脱皮。

将病龟放在清洁、干燥的环境中。

第五章
鳖养殖技术

一、概 述

鳖，又名水鱼、甲鱼、团鱼，在动物分类学上属脊椎动物的爬行纲、龟鳖目、鳖科。鳖科有 6 属 23 种，主要分布在亚洲、非洲和美洲部分地区。我国仅有种属 3 种，即鼋属（*Pelochelys*）、鳖属（*T. sinensis*）和山瑞鳖（*T. steindachneri*）。鼋属只有一种，即鼋（*P. bibroni*）。

中华鳖体重一般 1～2 千克。野生中华鳖分布于我国、日本、越南北部、韩国、俄罗斯东部。我国除新疆、青海和西藏外，其他各地都有分布，尤以长江流域和华南为多。水栖性，常栖息于沙泥底质的淡水水域。有上岸进行日光浴的习性。肉食性，以鱼、虾、软体动物等为主食，多夜间觅食。野生中华鳖寿命在 60 岁以上。中华鳖生长快，适应性强，肉味鲜美，是我国主要的养殖鳖类。

中华鳖没有有效的亚种分化，却存在着地理变异。日本的鳖曾被称为 *T. japonicus*。舟山群岛上的鳖种群也曾被称为 *T. tuberculatus*。常把这些种名作为中华鳖的同物异名。

山瑞鳖是亚热带种类，体重一般 2～3 千克，主要分布在云南、贵州、广西、广东和海南等地，属于国家二类保护动物。它与中华鳖的主要区别是：颈基部两侧各有一团大瘰粒，背甲前缘有一排粗大疣粒，裙边很发达。

1991 年，周工健等发现了鳖属另一种——沙鳖。相较于山瑞鳖，它与中华鳖更加相似，但个体较小，不超过 500 克，在外形、骨骼、繁殖习性等方面，沙鳖与中华鳖都有明显的差异。近年，唐业忠报道了鳖科又一新种——小鳖。该种分布于广西桂东北及其接壤的湖南部分县市的湘江上游江段，栖息于清澈透明的水中，底质为沙砾石。小鳖体形大小与沙鳖相似，体背的疣状突起与中华鳖相似，腹面白色或淡黄色，被捕捉时变淡红色。伍惠生报道在湖北省发现红色鳖和白色鳖，是中华鳖的变异型。

二、养殖价值

中华鳖是一种珍贵的、经济价值很高的水生动物。我国历来把中华鳖视作为佳肴珍品，且用作食疗的滋补食品。我国食鳖的历史可以上溯到周朝甚至更早。中华鳖的肉味鲜美，营养丰富，蛋白质含量高，其裙边更是美味佳肴。据测定，100 克鳖肉中蛋白质含量达 16.5 克。此外，还含有丰富的钙、磷、铁、硫胺素、核黄素、烟酸、维生素 A 等多种营养成分。

中华鳖还是珍贵的药材，其成分含动物胶、角蛋白、维生素 D 及碘等，具有滋阴清热、平肝益肾、破结软坚及消淤功能。鳖甲、头、肉、血、胆等都可入药。据《本草纲目》记载：鳖肉可治久痢、虚劳、脚气等病；鳖甲主治骨蒸劳热、阴虚风动、肝脾肿大和肝硬化等；鳖血外敷可治颜面神经麻痹、小儿疳积潮热，兑酒可治妇女血瘀；鳖卵能治久泻久痢；鳖胆汁有治痔瘘功效。鳖头干制入药称"鳖首"，可治脱肛、漏疮等。以活鳖、鳖甲或鳖甲胶为原料配制的中成药有二龙膏、乌鸡白凤丸、化症回生丹、史国公酒、鳖甲煎丸等。

中华鳖也是我国重要的出口创汇水产品，输往国家和地区主要有日本及我国香港、澳门。

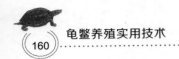
三、生物学特征

[形态特征]

鳖体躯扁平，背部略高。雄性呈椭圆形，雌性略呈圆形，背腹具甲。全身可分为头、颈、躯干、四肢和尾五部分。通体被柔软的革质皮肤，无角质盾片。体色基本一致，无鲜明的淡色斑点。头部粗大，前端略呈三角形。吻端延长呈管状，具长的肉质吻突，约与眼径相等。眼小，位于鼻孔的后方两侧。口无齿，脖颈细长，呈圆筒状，伸缩自如，视觉敏锐。颈基两侧及背甲前缘均无明显的瘰粒或大疣。背甲暗绿色或黄褐色，周边为肥厚的结缔组织，俗称"裙边"。腹甲灰白色或黄白色，平坦光滑，有7个胼胝体，分别在上腹板、内腹板、舌腹板与下腹板联体及剑板上。尾部较短。四肢扁平，后肢比前肢发达。前后肢各有5指（趾），指（趾）间有蹼。内侧3指（趾）有锋利的爪。四肢均可缩入甲壳内。

[体　色]

鳖的皮肤具色素细胞。体色往往与周围环境的色调相一致。例如：生活在湖泊的鳖，体色通常呈墨绿色或褐绿色；生活在肥水池塘的鳖，背部通常为橄榄绿色；生活在底质为黄泥沙水中的鳖，背部黄褐色，有的还出现有规则的图案花纹；生活在岩石旁或山坑水洞水域的鳖，背部通常为灰黄色或暗黑色。鳖的腹面通常为灰白色或黄白色。鳖的体色变化是一种保护性适应现象，不能作为分类的依据。

[生态习性]

中华鳖属爬行冷血动物，生活于江河、湖沼、池塘、水库等水流平缓、鱼虾繁生的淡水水域，也常出没于大山溪中。在安静、清洁、阳光充足的水岸边活动较频繁，有时上岸但不能离水源太远。能在陆地上爬行、攀登，也能在水中自由游泳。喜晒太阳或乘凉风。民间谚语形容鳖的活动是"春天发水走上滩，夏日炎炎柳荫栖，秋天凉了入水底，冬季严寒钻泥潭"。夏季有晒甲（晒盖）习惯，我国北方地区 10 月底冬眠，翌年 4 月开始寻食；喜食鱼虾、昆虫等，也食水草、谷类等植物性饵料，并特别嗜食臭鱼、烂虾等腐败变质饵料，如食饵缺乏还会互相残食。性怯懦怕声响，白天潜伏于水中或淤泥中，夜间出水觅食（"瓮中捉鳖"就是指利用鳖的这一习性，将缸埋于水边地下，缸口平于地面成一陷阱，鳖觅食爬行时跌入缸内被捕获）；耐饥饿，但贪食且残忍。

鳖对盐度十分敏感，只能在淡水中生活。在盐度 15‰的水中，24 小时内死亡；在盐度 5‰的咸淡水中，仅能存活 4 个月。

鳖是变温动物，没有调节体温的功能，其体温与环境温度的温差为 0.5～1℃，因而对环境温度的变化极为敏感。鳖的最适生长温度范围为 27～33℃。当水温超过 35℃时，鳖的活动明显减弱，往往群集在阴凉处或潜入深水中静止休息，出现"伏暑"现象。水温下降至 20℃时，鳖的食欲和活动逐步减弱，15℃左右时停食。水温下降至 12℃左右时，鳖既将身体埋入泥沙中冬眠。冬眠时间的长短因地而异。长江中下游地区，鳖一般从 11 月中旬开始冬眠，至翌年 4 月上旬水温回升至 15℃以上时开始复苏，冬眠期为 5 个月左右。鳖越冬后体重下降 10%～15%。体质虚弱、营养不良的个体，特别是冬眠前不久孵出的稚鳖，体内积蓄的营养物质少，往往会被冻死。

鳖的冬眠习性是对恶劣环境的一种适应。通过人工控温可以改变这种习性，使缩短养殖周期、快速养鳖成为可能。温室工厂化养鳖人工控温的最佳水温为 30～31℃。

鳖 4～5 龄成熟，4～5 月在水中交配，待 20 天产卵，多次性产卵，至 8 月结束；通常首次产卵仅 4～6 枚。体重在 500 克左右的雌性 1 个繁殖季节可产卵 24～30 枚。5 龄以上雌鳖一年可产 50～100 枚，繁殖季节一般可产卵 3～4 次。卵为球形，乳白色，卵径 15～20 毫米，卵重为 8～9 克。雌鳖选好产卵点后，掘坑 10 厘米深，将卵产于其中，然后用土覆盖压平伪装，不留痕迹；一次产卵 10 枚左右，经过 40～70 天地温孵化，稚鳖破壳而出，1～3 天脐带脱落入水生活；卵及稚鳖常受蚊、鼠、蛇、虫等的侵害。产卵点要求环境安静、干燥向阳、土质松软。

[生活习性]

鳖喜静怕闹，易受惊吓，对声响和移动物体极为敏感，一遇风吹草动即会潜入水中。同类之间往往会因抢夺食物、配偶和栖息场所而相互攻击撕咬。

鳖在水中呼吸频率随温度的升降而增减。一般 3～5 分钟 1 次，环境突变或特殊情况，呼吸频率会大大下降。鳖在水中潜伏时间会达 6～16 小时。长时间潜伏时，鳖主要利用咽喉部的鳃状组织进行气体交换。

鳖的另一特性是"晒背"。天气晴朗、阳光强烈时，鳖便爬到安静的滩地、岩石上晒太阳。鳖在晒背时头颈四肢充分伸展，尾部对着阳光，每次持续时间 45 分钟左右。晒背有以下两个作用：一是提高体温，加速血液循环，促进新陈代谢；二是杀死和去除附着在体表的寄生虫、病原体以及附生藻类等。

养鳖池如果不具备晒背的场地，鳖就容易患病。由此可见，晒背对鳖的生活是必不可少的。因此，养鳖场必须设置晒背的场所，要求阳光充足。

综上所述，鳖的生活习性可归纳为"三喜三怕"，即：喜静怕闹、喜阳怕风、喜洁怕脏。

[食 性]

鳖是以动物性饵料为主的杂食性动物，食性范围广。野生条件下，稚鳖和幼鳖主要摄食大型浮游动物（枝角类、桡足类）、虾苗、鱼苗、水生昆虫及水蚯蚓等底栖动物，也摄食少量植物碎屑。成鳖摄食鱼、虾、蛙、螺、蚌等，也摄食一些植物性饵料，如瓜、菜、水草等。在人工养殖条件下，贝类、鱼糜、动物内脏以及饼粕类、麦类、大豆等都可用作饲料，也可搭配瓜果菜叶等。全价配合饲料要求营养全面。

鳖的摄食方式为吞食。

四、鳖池选址与建造

[池址选择]

养鳖池要求具有良好水源，水量充足，水质良好，排灌方便，合乎养鳖水质标准的温泉水或工厂余热水是养鳖理想的水源，河水、湖水或地下水也可以。地点应背风向阳，环境安静；土质以保水性能良好的沙质壤土为佳；还应要求交通方便，电源、能源与饲料源供应充足，便于管理。

[鳖池类型与配置]

为满足鳖不同生长发育阶段对环境的要求，通常分别建稚鳖池、幼鳖池、成鳖池和亲鳖池。

在高水平全供热控温集约化养殖中，稚幼鳖池、成鳖池、亲鳖池的面积配比为 $1:2.5:1$；仅稚幼鳖控温养殖，成鳖常规养殖，三者比例为 $1:(4\sim8):3$；常温自然养殖一般比例为 $1:5:1.5$。

[鳖池建造]

1. 鳖池结构与规格

鳖池的结构可分为水泥砖砌池和土池 2 种。水泥池主要用于稚、幼鳖的供热保温集约化养殖，多建在室内，池面积可小些，池水浅一些（表 5-1）。土池（池壁也可用砖石水泥砌成），适用于常温下养殖食用鳖和亲鳖，池面积大些，池水深些，池底沙层厚些（表 5-2）。鳖池一般为长方形，长宽比 2∶1 或 5∶3。

表 5-1　供热控温养鳖水泥池规格

池类别	面积（米²）	池深（米）	水深（米）	池底沙厚（厘米）
稚鳖池	10～20	0.8～1.0	0.3～0.5	5
幼鳖池	20～50	0.8～1.0	0.5～0.8	5～8
成鳖池	50～100	1.2～1.5	0.8～1.2	15～20

表 5-2　常温条件下养鳖土池规格

池类别	面积（米²）	池深（米）	水深（米）	池底沙厚（厘米）	防逃墙高（厘米）	空地宽（厘米）
稚鳖池	30～80	0.8～1.0	0.3～0.5	10～20	30	0.5
幼鳖池	100～500	1.0～1.5	0.5～0.9	15～25	40	0.5
成（亲）鳖池	1 000～2 000	1.8～2.0	1.0～1.5	20～30	50	1.0～1.5

2. 鳖池基本设施与要求

各种鳖池应具有栖息、晒背、休息、摄食场所及防逃防害设施。供热控温养殖的要有供热及保温设施。亲鳖池还要有产卵场。

鳖善于攀爬外逃，鳖池四周必须设牢固的防逃墙，一般用砖石水泥砌成 50 厘米高的围墙，顶部向池内出檐 10～15 厘米，呈"T"字形。转角处要加设三角形防逃板。池的进排水口要安防逃装置，一般用铁丝网双层包住，或在排水管口套防逃筒。

各类鳖池需设休息饵料台。土池可在防逃墙内四周或池堤向南的一面留出一定宽度的空地，池埂坡度为30°左右。面积较大的池可在池中央建一个小岛。池壁垂直入水的水泥池，在向阳面设置一个可以在水面上下移动的休息饵料台，也可在池中央设木板、竹帘等。休息饵料台一般占池面积的10%～20%。稚鳖池可小些，成鳖池可大些。

由于稚鳖身体柔嫩，因此稚鳖池建造要求较高，最好在室内建水泥池。池壁要求光滑，出水口与进水口相对，池底向排水口倾斜。稚鳖池不宜过大，可多个池子并排修建，便于管理。幼鳖适应能力增强。幼鳖池建造要有一定的灵活性，可在室外建土池或水泥池，如有条件最好在室内建水泥池，也可和稚鳖养殖池混合使用。

成鳖易于饲养，一般采用常温露天土池养殖。

亲鳖池宜在僻静处建土池，在池的向阳面堤岸上、防逃墙和池之间1～1.5米的空地上设置产卵场。为保持其湿度，应在距水面约1米处铺放30厘米厚的黄沙。在产卵场周围可适当种植些高秆阔叶植物，为亲鳖产卵创造一个安静隐蔽的环境。

各种规格的鳖池应适当排列布局，使用共同的输水沟和排水沟。

3. 温室建造与供热

工厂化加温养殖需因地制宜建造各种不同的温室大棚。

（1）日光型塑料大棚温室 可用于保温池，也可用于加温池。保温塑料大棚以南北向为宜，室内一般为土池。宜建在地势低的背风处，池水面比地面低，温室四周堤埂高出地平面15～25厘米。池上方用镀锌光管等为骨架，搭成"人"字形，顶上覆盖塑料薄膜，薄膜接地面四周用水泥封闭，或用土先筑成高0.5～1米、宽0.5～0.8米的墙，在墙上搭架，上铺塑料薄膜。

用于加温的塑料棚，室内建一至数个小型水泥池。通常在棚

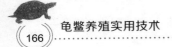

的四周建一定厚度的隔热墙，棚顶铺 2 层塑料薄膜，之间留一定空隙。池水温度保持在 25～30℃。无论是保温还是加温塑料棚，必须安装通风换气装置。

（2）**玻璃暖房温室**　温室墙用砖砌水泥抹面，上安向南单倾的屋顶，顶部盖玻璃，密封温室一侧开小门，另一侧设通气孔。低温时，房顶加盖薄草帘。室内建水泥池，面积一般 20～80 米^2，也可建双层或阶梯式养鳖池。

（3）**供热**　加温养鳖池热源供应主要有锅炉加温，以及利用温泉水、工厂余热水和太阳能等。

加温养鳖，特别是锅炉供热，因不可能经常换水，为改良水质，可采用噪声较小的充气式增氧机增氧和各种循环过滤装置。

五、鳖的营养与饲料

［营养需求］

1. 蛋 白 质

鳖不同时期对蛋白质需求不同。一般正常温度范围内（21～33℃），稚幼鳖饲料蛋白含量须达到 50%，成鳖期为 45%。无论稚幼鳖还是成鳖，当饲料蛋白质含量在 41.92%～50% 时，其生长速度均随蛋白质含量的增加而加快。

鳖喜食动物蛋白质饲料，以鱼粉和蚕蛹为主的配合饲料，最大摄食量可达鳖体重的 7.6% 和 8.5%；复合动物蛋白次之；以植物蛋白为主的，摄食率多在 4.2% 以下。因此，鳖的配合饲料必须以动物性蛋白为主，一般动、植物蛋白比以 6～6.5∶1 为宜。

2. 脂 肪

国内研究认为，鳖饲料脂肪含量宜为 3%～8%，稚鳖可低些，越冬前可高些。必需脂肪酸必不可少，通常在使用脱脂鱼粉的配合饲料中添加 3%～5% 的植物油，可提高饲料效率 1.5 倍，一般多采用玉米油，含亚油酸高，且价格便宜。

3. 碳水化合物

鳖饲料中 α - 淀粉最适含量为 18%～28%，纤维素的最适含量为 9.73%。

4. 维 生 素

在配制鳖饲料时，可适量添加市售的复合维生素制剂，加工时再添加 5% 搅碎的新鲜蔬菜，或投喂一定数量的鲜活饵料。

5. 矿 物 质

鳖对钙、磷的需求较多，配合饲料中钙磷比应控制在 1.5：1，此外消耗量大的还有镁。在水温 20～30℃时，饲料中添加 0.49%～0.5% 的硫酸镁较合适。一般在饲料中添加 2%～3% 的无机盐，如骨粉、贝壳粉、食盐、碳酸氢钙等来满足鳖对矿物质的需要。

6. 能 量

鳖的能量主要来源于动物饲料中的蛋白质和脂肪。一般要求饲料中总能量和蛋白质含量的比值要达到 29.26～31.77（千焦 /克），总能量为 1 340～1 450 千焦 /100 克饲料。

[饲料种类]

目前，国内外养鳖饲料有天然饵料和人工配合饲料两类。

1. 天然饵料

主要为动物性鲜活饵料，包括鱼虾、螺蚌、蚬蛤、蚯蚓、蝇蛆、水蚤、昆虫、蚕蛹及畜禽屠宰下脚料等。植物性饲料包括大豆粉、蔬菜、瓜类、饼类、谷物（玉米、小麦等）。植物性饲料一般作为辅助饲料少量掺配。

2. 配合饲料

配合饲料是集约化养殖的关键条件之一，目前鳖饲料生产已系列化、工厂化和商品化。

六、人工繁殖

[亲鳖选择与雌雄鉴别]

1. 来　源

包括野生鳖和养殖鳖。一般从人工养殖的种群中挑选。捕捞野生鳖（爪较尖锐、体色发绿）宜在冬季或早春进行。为避免近亲繁殖，亲鳖最好来自不同地区。

2. 年龄和体重

鳖的性成熟年龄因地区气候而异。海南及台湾南部为 2～3 龄，华中和长江流域为 4～5 龄，东北地区为 6 龄以上。在人工供热控温养殖条件下，2 足龄鳖即可达性成熟。通常在常温条件下性成熟最小个体约 500 克。

人工繁殖用亲鳖最好选择 6 龄以上（达到性成熟年龄后再养 1～2 年）、体重 2 千克以上的雌体，雄亲鳖可小些。一般年龄较小的雄亲鳖与年龄较大的雌亲鳖配对繁殖效果较好。

3. 体质标准

亲鳖要肥满健壮、裙边肥厚、背部光亮、行动敏捷活泼、体色墨绿、无伤无病的个体。检查鳖有无内伤的方法：①将鳖仰放，健康无伤的鳖能立即翻身逃走；体内受伤有吊钩的鳖，则翻不过来或翻转困难，行动迟缓；②拿住鳖后肢两侧基部上方，若鳖颈部伸长、灵活扭转欲咬人，表明颈部无伤；后肢下垂无力缩进，表明有内伤。

4. 雌雄鉴别

雌、雄鳖最显著鉴别标志为：雄鳖尾较长，明显超出鳖后端的裙边或与裙边持平。还可从背甲形状、身体形态等特征加以鉴别（表 5-3）。

表 5-3　雌、雄鳖的外形鉴别

部　位	雌　鳖	雄　鳖
尾　部	尾较短，不能自然伸出裙边外	尾长而尖，自然伸出裙边外
背　甲	近似圆形	前窄后宽的长椭圆形
腹　甲	"十"字形	曲"王"形
背腹厚	整体厚	较薄
体后部	宽	窄
后腿间距离	较宽	较窄

[亲鳖培育]

1. 亲鳖池清整与消毒

亲鳖放养前要清整消毒。土池可直接清池消毒。新建水泥池必须注水浸泡 7～10 天后再消毒。清池消毒一般在秋末产卵期结束后进行。常用药物为生石灰和漂白粉，具体用法同池塘养鱼。药物毒性消失后（生石灰一般为 7～10 天，漂白粉为 3～5 天），先试水再放养鳖。

2. 亲鳖放养

放养密度依个体大小而定。一般 2～3 米²水面以放养 1～2 千克的鳖 1 只为宜。每亩放养 300 只。若换水条件好或个体较小可适量多放，但最多不超过 400 只，总重量不超过 250 千克。鱼鳖混养池，亲鳖放养密度以 0.1～0.2 只/米²为好。

雌雄搭配比例要合理，以 4～5∶1 为最佳。

亲鳖放养时间，常温养殖条件下放养主要在 4 月和 10 月左右，放养的最佳水温为 15～17℃。在此水温下，亲鳖一般不摄食，可利用这段时间让其适应新环境。

3. 饲料投喂

亲鳖入池后要投喂足够的、营养全面的优质饲料，进行产前产后强化培育。

亲鳖培育的重点应放在早春和产后培育，特别是在9月份，产卵后的亲鳖需迅速补充体内的营养物质的消耗，增进性腺发育。这时，应多投些动物内脏、螺类等精饲料，以利于亲鳖越冬和来年产卵繁殖。

投饲要坚持"四定"原则，保证饲料的质量，鲜活饵料与配合饲料搭配饲喂最好。要求饲料新鲜、适口，大块动物内脏、蚌肉等应剁碎投喂。在食物中经常添加抗生素、大蒜等预防疾病。立春后，鳖从冬眠中醒来，可投喂蚯蚓、螺肉、鲜活饵料鱼、肝等诱食。

日投饲量视天气、水温和鳖的食欲而定。配合饲料量（干重）一般为亲鳖体重的1%～3%，鲜活料为5%～10%，食欲旺盛时可增加到15%～20%。通常以投喂后2小时吃完为宜。水温18～25℃时，每天上午10时和下午5时各喂1次。饲料应放在固定的食台上。食台可用水泥板置于池的斜坡上，上端露出水面，下部浸入水中。饵料投放于食台的水线以上1～2厘米处较好。鲜饵可定点投在水中。

4. 日常管理

做好水质管理。亲鳖池应保持水质清新活爽，中等肥度，水色褐绿色，透明度25～35厘米，浮游植物丰富。应经常排除下层老水，加注新水。特别在亲鳖交配期间要经常加水，以促进鳖发情交配。每月投放1次生石灰，每亩水面10～25千克。

控制与调节好水位。春、秋季池水深宜保持在0.8米左右，以利提高水温；夏、冬季可提高至1.0～1.5米，保持池水温度相对稳定，有利防暑与安全越冬。

注意保持环境安静，排注水时尽量不要有流水声，尤其在亲鳖交配时，以免引起雄鳖间咬斗致残。日常管理还应做好防逃、防病、防害等工作。每天定期巡塘，检查食场，清除残饵污物，发现伤病鳖要及时处理。

[亲鳖产卵管理]

1. 产卵场设置与修整

产卵场设置在亲鳖池的堤坡上，背风向阳，排水条件良好，雨天不积水。形式有产卵沙盘和产卵房 2 种。一般按每只雌鳖占 0.1 米² 面积设置。

产卵沙盘为长条形，每个面积 1～2 米²，内铺 30 厘米厚的黄沙，以便挖穴产卵。黄沙宜用 0.6 毫米经筛去石的清洁河沙。沙盘铺于产卵场中，略向产卵场倾斜，以防积水，沙盘之间用水泥板分隔。产卵场总面积以每只雌鳖占 0.06～0.08 米² 沙盘计算。产卵场应搭防雨遮阳棚。

产卵房面积一般为 5～10 米²，高 1.5 米，房内底层铺 20 厘米厚细河沙，靠地埂外一侧开有小门，供人进出收卵；靠池水面一侧留一洞口，洞口与水面间搭一块跳板，供亲鳖爬进房内产卵。

在亲鳖产卵前，整理好产卵场地，清除杂草，疏松推平沙层，对老的产卵场应添加新沙，并保持沙层湿度，沙含水量宜为 7%～8%。产卵季节，应经常用喷壶在产卵场洒水，保持湿度。连绵雨天，应将亲鳖池水位下降 20～30 厘米，并及时翻晒沙层，避免积水。产卵场还要加强防害措施，防治敌害生物进入，干扰产卵和伤害鳖卵。

2. 影响亲鳖产卵的主要因素

亲鳖产卵数量与温度密切相关。气温 25～29℃、水温 28～31℃是亲鳖产卵的最适温度。

鳖的产卵行为也受气候变化的影响。刮风下雨、阴雨连绵、久旱不雨、天气过于干燥或水温骤然升降，鳖均会推迟或连续几天停止产卵。一般亲鳖在雨过天晴或久晴的雨后产卵较多。

亲鳖对产卵场地的环境条件也较敏感，特别是产卵沙层的湿度。泥沙板结、干燥，亲鳖挖穴困难，也会停止产卵。还要特别注意产卵环境安静，杜绝人为干扰。

3. 提高产卵率，缩短产卵周期方法

（1）**光照处理** 采用电光处理法，即在冬季每天延长光照 2 小时（早晚各 1 小时），用荧光灯照射，使亲鳖池的水面照度达 3 000 勒，可使亲鳖周年产卵，产卵量增加。

（2）**人工催产** 为使亲鳖产卵时间相对集中，便于鳖卵的人工孵化与管理，可采用人工催产方法。即在产卵季节未到之前或产卵期间，对雌亲鳖按每千克体重注射促黄体素释放素 150 微克，或人绒毛膜促性腺激素 7 500 国际单位，或人绒毛膜促性腺激素 500 国际单位＋促黄体素释放素 75 微克，每隔 10～15 天注射 1 次，连续注射 2～3 次，可缩短产卵期 5～10 天，使产卵期相对集中到 40～60 天。

［鳖卵采集］

在产卵季节，每天早晨日出前仔细检查产卵场，寻找卵穴。产卵痕迹确定较容易：产卵穴的上层土松动过，有鳖的爪印；穴口上泥土被鳖产后用腹板压过，显得光滑。

发现卵穴后，先做标记，不要急于搬动，待胚胎固定后（一般产卵后 8～30 小时）再采卵。通常在下午 3～4 时采卵。

采卵时，用手或竹片仔细地扒开洞口河沙，将卵取出，排放在收卵箱或其他容器内。取完卵后填平洞穴，扫平河沙，以便鳖再次挖穴产卵。天旱时要适量洒水，保持产卵场湿度。收卵箱可作孵化箱，一般为长宽各 45 厘米、深 8 厘米的木箱，箱四周底部有滤水孔，箱内铺 3 厘米厚细河沙。孵化用沙需先清洗消毒。

收集的鳖卵在放入孵化器前应先鉴别受精与否。在卵的上端动物极有一圆形白色亮区，边周清晰圆滑，在孵化过程中逐渐扩大的为受精卵；若无圆形白色亮区，或该区若明若暗，不继续扩大的为未受精卵，不能用于孵化。

[人工孵化]

鳖卵孵化有室外常温简易孵化、室内常温与控温孵化等。工厂化养鳖，通常采用室内控温、控湿孵化。

1. 室外简易孵化屋

选地势较高、排水条件好、通风、干燥处建孵化小屋，面积 4～8 米 ^{2}，长宽比 2～4∶1，四周用砖砌成 1 米高的墙，墙壁设排水通气孔。墙四周设防蚁水沟（10 厘米宽、5 厘米深）。顶面呈 "人" 字形，用玻璃做窗户，防雨、保温、保湿和通风降温，或覆盖塑料薄膜。底呈 5～10° 倾斜，由基底部依次铺垫卵石（3 厘米厚）、粗沙（7 厘米厚）、细沙（5 厘米厚）做孵化床。在孵化床斜面最低处埋一盛少量水的小缸（缸口与沙面平齐），供出壳稚鳖下水用。

将受精卵依次排放在孵化床上，卵间距 1 厘米，动物极朝上。铺满 1 层 1～2 厘米厚细沙，共排 2～3 层卵，最上面覆盖 3 厘米厚沙，并标明产卵日期。孵化期间合理掌握顶窗的开闭。一般温床控制在 26～36℃，空气相对湿度 80% 左右，注意洒水，保持沙床湿润（含水量 7%～10%）。

2. 室外简易孵化池

有多种形式。如用砖石砌成长宽各 1 米、南面高 0.8 米、北面高 0.5 米的孵化池。池底铺混凝土，稍倾斜，设一排水口，底部铺 30 厘米厚细沙，将卵埋入沙中 10～13 厘米。池上安棚架加顶盖。温高时将顶盖打开，经常喷水保证湿沙，尽可能控制沙温在 30℃ 左右。临出壳时在底沙中埋放收集稚鳖的盛水小缸。

3. 室内孵化房

在光线明亮、保温、通风良好的室内进行常温孵化。

（1）孵化箱　将盛有鳖卵的孵化箱放在室内孵化。孵化箱可用收卵箱代替，也可专门制作。规格长 80 厘米、宽 60 厘米、深 10～20 厘米，箱底钻若干滤水孔，铺 3 厘米厚细沙。排好卵

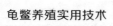
后，再覆盖 1～2 厘米厚细沙。室温控制在 30～36℃，空气湿度保持 75%～80%，3～5 天在沙床上喷水 1 次，使沙子含水量达 7%～10%。有条件的地方，孵化房可安装控温设施。

（2）沙槽　在室内地面用砖砌成面积 2 米×1 米×0.3 米的长方形沙槽，底部铺 20 厘米厚细沙，中央埋设一水盆。室温保持 27～35℃。

4. 恒温孵化房

专供鳖卵孵化，面积 20 米² 左右，内设自动控温、控湿装置及机电设备。房中设木架，架上放孵化盘或孵化箱。温度控制在 33～34℃，空气相对湿度保持在 80%～85%。

[孵化管理]

1. 孵化介质及处理

孵化床中用于埋鳖卵的沙，称为孵化介质。以 0.5～0.7 毫米厚的黄沙为好，通透性强，能保持适当湿度。河沙须洗净、曝晒消毒。也可用海绵代替，做成与孵化盘等大的防水无毒板，打 1.6～1.8 厘米的小孔固定鳖卵，上下两层用含水 7%～8% 的海绵覆盖。海绵轻，保水性好，孵化率可高达 99%。

2. 卵的排放

一般认为鳖卵在孵化中动物极朝上为好。孵化过程中不要随便翻动鳖卵，特别是在 30 小时内，胚胎发育尚未完全，易受伤甚至中途夭折。

卵在沙中埋放深度，在室内用孵化箱（盘）孵化时，卵埋 5 厘米深即可。室外孵化，为保持沙中适当湿度，卵埋 10～13 厘米深为佳。卵排放密度一般对孵化影响不大。在孵化时最好每只孵化箱放同一天的卵，最多以 3～4 天内产的卵为一批孵化。

3. 保持湿度、温度及通风适宜

室温保持在 33℃ 左右为宜，每天早、中、晚需测定室温和沙温，尽可能恒定。

空气相对湿度保持 80%～85%，需经常在孵化介质上洒水。在高温晴天注意检查沙子湿度，及时洒水。

孵化时注意适时通风，夜晚和雨天注意关窗保温。孵化后期更应注意保温、控湿和通风。

4. 其他日常工作

防止鼠、蛇、蚂蚁等天敌危害鳖卵。在孵化期间注意检查、掌握孵化进程。孵化开始和后期，每隔 2～3 天检查 1 次，孵化中期可每周检查 1 次。认真做好记录，以便统计孵化率，改善孵化管理。

[稚鳖出壳与收集]

根据孵化温度与积温值，可推算鳖出壳时间。平均孵化温度为 32℃时，稚鳖 47 天左右孵出。生产上常根据卵壳颜色来确定，卵壳由浅灰黑全部转化成粉白色时，表明稚鳖即将出壳。

稚鳖出壳时间多在后半夜至凌晨。刚出壳的稚鳖有趋水性，会自动爬出沙层，迅速进入水中。在稚鳖临近出壳前 1～2 天，应向孵化场沙床上埋入的缸内加入 2/3 的水；将室内的孵化箱取出，放到盛有 3～5 厘米深水的出壳池上，其底部铺放 2～3 厘米厚的细沙。稚鳖出壳后任其跌落水中，自行潜入沙中栖息。

[稚鳖暂养]

刚出壳的稚鳖一般 3～5 克，常带有脐带和一些胚胎附属物，不能用手或镊子去除，应让其自行断掉。此时，稚鳖对环境的适应力差，腹部羊膜尚未脱落，靠残存的卵黄囊供给营养，不宜直接放入稚鳖池养殖，应每天将刚出壳的稚鳖捞出，清洗干净，放入暂养池暂养。

暂养池面积通常 0.5～1 米^2，池深 15～20 厘米，最好设在光照弱的室内。池底稍倾斜，铺 2～3 厘米厚细沙，一端有挡沙墙和排水孔，水浅端 2～5 厘米，深端 10 厘米左右。每平方米

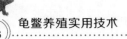

放稚鳖 50～60 只。也可用塑料大盆暂养。大盆倾斜放置，部分细沙露出水面。直径 40 厘米的盆可暂养 15～20 只稚鳖。暂养前，暂养池、河沙、器具与稚鳖均应消毒。

稚鳖暂养 1～2 天后，即可投喂开口饵料。饵料可用活水蚤、丝蚯蚓等，其量为稚鳖总重的 20%，每天投喂 3 次；也可用熟的鸡蛋黄，每 100 只稚鳖一次 1 个，每天 2 次。每 12 小时换水 1 次。

经 4～6 天精心暂养，稚鳖体色变为黑褐色，此时可依稚鳖个体大小，分级转入稚鳖池养殖。

七、稚幼鳖的饲养

稚幼鳖阶段是鳖的养殖过程中人为划分的。在自然条件下，稚鳖 7 月上中旬孵化出壳。由于鳖有冬眠习性，常规稚鳖养殖从当年 9 月以前到第二年的 6～7 月，幼鳖养殖一般在第二年的 8～9 月和第三年夏季。在工厂化控温养殖中，养鳖各个阶段是连续的。一般把体重 50 克以下的鳖作为稚鳖养殖阶段，50～250 克作为幼鳖养殖阶段。

[养殖方式]

1. 常温养殖
在常温养殖条件下，稚幼鳖阶段生长较慢，在长江流域长到 200 克左右需 3 年时间，特别是第一年，稚鳖的成活率只有 30%～50%。

2. 加温养殖
稚幼鳖采用加温养殖，改变了冬眠习性，当年 10 月至第二年 5 月，鳖可以长到 150～200 克，7 个月达到常温下 3 年的生长量，成活率可达 80%～90%。

3. 两头加温法

在长江中下游地区，利用保温大棚延长鳖的最适生长水温时间的一种方法。从稚鳖出壳到幼鳖阶段，于 9 月下旬至 11 月上旬、第二年 4 月中旬至 6 月中旬进行加温，使水温由 15℃上升至 28～31℃；当自然水温高于 25℃时，进行常温养殖。

［放养前准备］

稚鳖池放养前应做好各项准备工作，创造稚幼鳖健康生长的环境。

应仔细检查各种设备，包括供热设备、增氧设备、进排水设备、防逃设施以及池底是否漏水等等，确保稚幼鳖放入后万无一失。

池中细沙应冲洗干净，对用过 1 年的沙，要提前 1 月堆起、晾干曝晒、去除黑臭，并用生石灰（200～300 克 / 米^3）或漂白粉（50～80 克 / 米^3）消毒，然后用水清洗干净。

对新建水泥池应进行脱碱处理。用清水（或稻草水）浸泡 7～10 天，再换新水浸泡，反复 2～3 次。

稚鳖放养前 5～6 天，灌入新水 20～25 厘米，并将池水温度调至比室外水温高出 3℃左右，但不超过 31℃。

［放养密度］

放养密度视培育方式、换水及保温条件而异。不同规格的鳖要分池饲养。随个体生长，要按规格适时调整放养密度。在稚幼鳖入池前要用高锰酸钾 100 克 / 米^{3}浓度浸泡消毒 15 分钟。

1. 常温养殖

常温养殖生长期长，放养密度应该小些（表 5-4）。

表5-4　常温养殖稚、幼鳖放养密度

换水条件好		换水条件差	
体重（克）	密度（只/米²）	体重（克）	密度（只/米²）
3～5	60～80	3～5	15～30
10	40～50	5～10	10～15
50	20～25	15～50	5～10
100	5～10	50～100	3～5
150以上	3～5	100以上	1～2

2. 加温养殖

由于技术水平、养殖设施及调控方面的条件不同，加温养殖的稚幼鳖放养密度差异很大。表5-5仅做参考。

表5-5　加温养殖稚幼鳖的放养密度

月　份	平均体重（克）	放养密度（只/米²）	重量（千克/米²）
9	15	100	1.5
10	28	100	2.8
11	48	100	4.8
12	75	80	6.0
1	100	60	6.0
2	150	50	7.5
3	200	40	8.0
4	250	40	10

工厂化养殖参考养殖密度：稚鳖下池密度80～100只/米²；第一次分养40～50只/米²；至11月下旬，幼鳖体重达50克左右时再分养1次，密度20～25只/米²。

[饲料投喂]

水温适宜（30～31℃）的条件下，稚幼鳖食欲旺盛，其生长快慢与成活率很大程度上取决于投喂饲料的质和量。

稚幼鳖饲料分配合饲料和鲜活饵料。大规模养鳖应以配合饲料为主，鲜活饵料为辅，多种饲料配合使用。

投饵应做到"四定"。

定质：配合饲料营养全面，大小适口，符合稚幼鳖对蛋白质、碳水化合物、脂肪、矿物质、维生素等的需求。颗粒饲料要求细、软、香、新鲜，鳖喜食。用于驯化鳖上岸吃食的饲料应添加 30% 的鲜鱼糜作为诱食剂。

定量：根据稚幼鳖的生长规律和全池鳖的总体重，及时调整日投喂量，以在 2 小时内吃完为宜。根据情况适当增减。通常每隔 1 周调整 1 次。

定位：投喂必须先对稚鳖进行驯化，使其习惯在固定的食台摄食。刚投喂的前 3～5 天，可将饲料投在食台的水线以下，3～5 天后饲料逐渐向水面上移动，1 周后，饲料全部投在水面上（贴近水面），让稚鳖露出水面吃食。

定时：每天投饵 2 次，即早上 8 时和下午 4 时各 1 次。

[日常管理]

1. 水质管理

稚幼鳖池水体小，特别是加温养鳖，放养密度高，投喂高蛋白饲料量较多，水质易变坏，因此在此阶段水质管理特别重要。应定期换水，保持水质清新。静水温室稚鳖池，特别在饲养后期，应 2～3 天换水 1 次。循环微流水温室，可每天换水 1 次以上。水质变黑时应立即更换池水。

保持室内适当光照，通过光照使池内藻类繁衍，有利于保持池水水质稳定。幼鳖池水以透明度 30～40 厘米、水色淡绿色或淡褐色为宜。

每隔 10～15 天化水泼洒生石灰（10～15 克/米^3）或漂白粉（2～3 克/米^3）1 次；采用机械增氧和循环过滤装置改善水质。

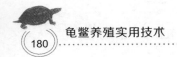

此外，还可在鳖池中适当放养一些水生植物（如浮萍等）。

2. 调控温度与通风换气

鳖的生长速度与养殖水温呈正相关。加温养鳖的关键在于保持温度稳定，水温 28～30℃，室温 33～35℃。在养殖过程中要特别注重水温的监测与调控。换水和升降温要缓慢进行，水温不可忽高忽低，波动太大（昼夜温差不超过 5℃），否则会引起鳖新陈代谢紊乱，以致死亡。

常温养鳖，应使池水水温尽量接近 30℃。一般可通过调节池水水位来升降水温。稚鳖池水深一般保持在 10～30 厘米，幼鳖池随个体长大，可逐渐加深至 50～80 厘米。秋末还可通过搭盖塑料棚来延长鳖最适生长水温的时间。

鳖在摄食生长期，主要靠肺呼吸，因此温室必须定期通风，保持室内空气清新。冬季可在晴天午后气温最高时通风换气。当室内温度过高、湿度过大时，应及时通风散热。

3. 筛选分养

由于稚鳖出壳时间早晚相差很大，卵质量优劣不同，孵出的稚鳖大小强弱不一，即使同源同重的个体，经过一段时间饲养后，也会出现大小分化。因此，在饲养过程中应及时将大小规格不同的鳖进行分池饲养。

在加温养殖下，从稚鳖养成幼鳖，最好每 2 个月分养 1 次。一般在加温养殖前进行 1 次分级，当个体体重达 50 克时进行第二次分养，同时调整养殖密度。

分养时，将池水排干，将鳖放入清水中洗去污泥。然后用高锰酸钾溶液（20 克 / 米³）药浴消毒。分池不可太频繁，以免因分养时捕捉、挑选、分级影响鳖的摄食生长。为防止环境突变，实现安全分养，在生产中常采用将原养殖池上层水注入新池（占新池水体一半），新加入的水不能太清；或将未分养前同一池的鳖分成两池饲养。

4. 其他日常管理

温室养殖每天要巡视鳖池，检查鳖的摄食与生长情况，同池鳖的大小是否一致；及时调控水温和室温，保持温度稳定；保持池水溶解氧在 4 毫克 / 升以上，pH 值在 7.5～8.5，空气相对湿度在 80% 以下。保持环境安静。高温季节注意防暑遮阴。

做好鳖的病害防治，及时清除池中残饵污物，定期清洗与消毒食台，定期更换与消毒池水；保持室内和鳖池的环境卫生，定期使用外用和内服药饵预防鳖病。发现病鳖应及时隔离治疗。在鳖池上加盖网，防止敌害动物侵袭。建立管理日志，发现问题及时处理。

[常温养殖稚幼鳖越冬管理]

在常温养殖条件下，水温降至 15℃以下时，稚幼鳖就要进入冬眠期。此时一般稚鳖体重只有 3～5 克，越冬管理不当会造成大量死亡。稚鳖在室外常温下越冬成活率一般只有 20%～30%。因此，稚鳖越冬管理十分关键。

当水温降至 15℃左右时，应将稚鳖集中，转入室内饲养池越冬。可利用室内原有稚鳖池，池底铺 20 厘米左右厚的泥沙，放养密度一般为 200～250 只 / 米^2，室温 5℃以上，水温保持在 4～8℃，可使稚鳖安全越冬。也可在室内用缸、桶作越冬容器，底铺 30 厘米厚湿润细沙，让稚鳖自动钻入沙中潜伏，室温控制在 10℃左右，也能安全越冬。如在室外露天池越冬，一定要在池上加盖塑料薄膜、稻草等防风御寒。

幼鳖越冬防寒管理较方便，如在室外越冬，越冬池选避风向阳处，池底泥沙层加厚至 20 厘米以上，并适当加深水位，以防冰冻。

[温室鳖池无沙养殖法]

鳖池池底铺沙，大量残饵、排泄物沉入池底，易使沙层变黑

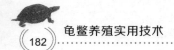

发臭，严重污染底质与水质，影响稚幼鳖生长，诱发疾病。近年来，许多单位进行了温室无沙养鳖实验，应用于生产，取得了良好的效果。作法如下：

1. 改造环境，及时排污

模拟鳖的生态条件，采用人造水草，将条形聚乙烯网片成束悬挂在鳖池中，作为鳖的隐蔽物，取代水草。为利于及时排污，池底应向中央或一侧倾斜，使污水由排污管道及时排出。

2. 池中养殖同一群体

稚鳖一次放足，先密后稀。为减少鳖群相互撕咬，在分养时，同一池的稚幼鳖必须来自同一养殖群体。

3. 适度繁殖藻类，保持水质稳定

光照型温室应控制池水中藻类繁殖，透明度宜保持在 25～35 厘米，避免水质过清。最好采用微流水养殖，更换池水一次不超过五分之三，以防水环境突变，造成鳖应激反应而相互撕咬。

八、成鳖养殖

成鳖养殖是将 250 克以上的鳖养至上市规格，成为商品鳖。常温养殖，成鳖养殖是指饲养第 3 年以上的鳖，从稚鳖养成商品鳖（400～500 克）一般需 4 年以上的时间。稚幼鳖加温养殖，成鳖养殖从第二年 5 月到年底，从稚鳖养成商品鳖需 14～16 个月。

[成鳖养殖方式]

1. 常温露天池养殖

国内传统多用土池，可单养也可鱼鳖混养。生产出的鳖在外形上与野生鳖极为相似，在市场上更受消费者欢迎，售价为工厂化产品的 10 倍以上。

2. 塑料大棚保温养殖

在养鳖池上加盖塑料大棚进行保温养殖，是成鳖饲养较为理想的方式。通过保温，可使春末夏初和夏末秋初的养殖时间延长2个月以上，达到缩短养殖周期的目的。

3. 成鳖温室集约化养殖

在特别寒冷或能源极为便利的地区，可采用全程温室加温养殖，这是一种集约化（工厂化）养殖，现代化程度和管理水平较高，单产也高。但出产的商品鳖市场受欢迎度较差，售价也低。

此外，还有庭院养殖和稻田养殖等成鳖养殖方式。各地可因地制宜选择最佳养殖方式。采用塑料大棚保温和温室加温相结合，使成鳖全年处于适宜的温度范围内，是现阶段养鳖新技术中较为完善的工艺。

[鳖种放养]

1. 鳖池修整与消毒

鳖池放养前应做好各项准备工作，创造适合鳖生长的环境。

仔细检查各种设备，包括供热、增氧、进排水设备，防逃设施以及池底是否漏水等，确保幼鳖放入后万无一失。

水泥池底或土质坚硬的土池应铺 10～15 厘米厚细沙或软泥。池中细沙应冲洗干净，对用过 1 年的沙，要提前 1 个月堆起、晾干曝晒、去除黑臭，并于放养前 10～15 天，用生石灰（200～300 克 / 米³）或漂白粉（50～80 克 / 米³）消毒，然后用水清洗干净。

彻底清除鳖池周围杂草和污物。对新建鳖池需放水反复浸泡2～3 次，15 天以上方能使用。

稚鳖放养前 15 天，灌入新水，并将温室幼鳖池水温进行逐步调节，使之与室外水温相近。

2. 放养时间

一般在 5 月中下旬至 6 月中旬，室外水温上升至 25℃以上，气温稳定偏高时，可将幼鳖转移到室外露天池放养。

放养前要对鳖体消毒。常用食盐与小苏打（1∶1）合剂 1%

浓度浸泡30分钟。对不同病原体可使用不同药物消毒（表5-6）。经试水，池水 pH 值 7～8.5 时放养，并严格按大小分级养殖。

表 5-6　鳖体消毒常用药物

药物名称	对象	浓度（%）	温度范围（℃）	浸浴时间	作用
食盐	稚鳖	25	10～32	10～20 分钟	杀死体表钟虫、累枝虫、水蛭等
食盐＋小苏打（1：1）	稚、幼鳖	1	20 左右	10 小时	杀死体表寄生虫及部分病原菌
高锰酸钾	稚、幼鳖	0.02	20 左右	15～30 分钟	防治局部炎症

3. 放养密度

一般一次放足，至养成密度不变。但不同养殖方式及养殖水平，放养密度也会有较大差异，可参考表 5-7。

表 5-7　不同养殖方式的成鳖放养密度

养殖方式	规格（克）	放养密度（只/米^2）
加温养殖	150 以上	6～8
塑料棚保温养殖	150 以上	6～8
常温露天养殖	150 以上	3～5
常温鱼鳖混养	10～30 50～100 150～200 200～500	5～10 2～4 1～2 0.5～0.75
庭院养殖	10 以下 10 以上 10 以上	10～15 5～10 3～5

4. 放养方式

成鳖放养方式有两种：一是开始放养密度高，中间进行分养。如开始每平方米放 10～15 只 150 克左右的幼鳖，养到 7 月上旬，再按每平方米 6～8 只分养，养到 10 月底个体重达 500 克上市规格；第二种是开始一次稀放放足，养殖中间不再分养，避免影响鳖的正常摄食生长。现在养殖户和企业多采用第二种放养方式。

[饲料与投喂]

1. 饲料合理搭配

成鳖养殖食物来源广，要求饲料粗蛋白含量达到 45%。一般以投喂鱼虾、螺蚌肉、动物内脏等动物性饲料为主，适量投喂豆饼、花生饼、瓜菜等。动植物性饲料一定要合理搭配。用配合饲料和鲜活饵料混合投喂效果较好，可少量搭喂蔬菜、瓜果等植物性饲料，如每千克配合饲料（干重）加 3.4～4 千克碎鲜鱼糜（或畜禽内脏糜），再加 1%～2% 瓜果、蔬菜，3%～5% 植物油，混合搅拌均匀，搓成饼状投喂，能提高鳖的摄食量和增重率。

必须注意要更换新饲料，应逐渐减少原饲料及增加新饲料的比例，不能突然改变饲料配方。否则会使鳖因不习惯而减少摄食量，影响生长。

2. 投 饵 量

一般日投干饲料量为鳖总体重的 1%～3%，鲜活饵料为鳖总体重的 8%～15%。规格小的鳖以及盛夏季节投喂量可稍高，水温低时酌减；晴天多投，连绵阴雨少投。一般掌握投喂后 2 小时内吃完为宜。

3. 食台设置与投喂次数

饲料要投在固定的食台上。食台一般每亩水面设 5～7 个，或按每 100～120 只鳖设 1 个。鳖习惯了在食台摄食后，不要随意变动食台位置或设置新食台。动物内脏等饲料可直接投在水中，不要投放在岸上。有的养殖户在鳖池中拉几道横贯鳖池的绳索，将鲜活饵料穿在绳索上饲喂，绳索刚刚没入水中。残饵很方便拉出，更换新料。

投喂时间应相对固定。早春和晚秋时，每天下午 3～4 时投喂；盛夏季节每天投喂 2 次，分别为上午 8～9 时和下午 4 时。

[成鳖池管理]

1. 控制水肥度，保持水色正常

成鳖喜欢较肥的水质，绿色或绿褐色的池水最适合鳖的生活。鳖池要求水质肥、活、嫩、爽，透明度 25～35 厘米。若池水过瘦，可适当施一些发酵好的有机肥；若水色过浓，应及时更换部分池水，还可向池中泼洒生石灰，每半月 1 次，每亩用 30 千克，既可消毒调节水质，又可补充鳖生长发育所需的钙质。

2. 保持水温相对稳定

在加温养殖中，幼鳖已习惯高温、恒温的养殖环境，随着个体生长，成鳖对温度敏感性增强，温度的波动会使鳖产生过激反应。因此，常温养殖下，应依照季节变化及时调整水位，保持水温适宜且相对稳定。

成鳖池水位一般保持在 1 米左右。在早春和晚秋气温不稳定时，应适当加深水位；初夏季节水温达 25℃时，可适当降低水位；盛夏季节水温达 35℃左右时，应加深水位到 1.2～1.5 米。在正常情况下，应保持水位适宜并相对稳定。

3. 保持水质清新

鳖喜洁怕脏。高密度集约化养殖大量投饵，池水易缺氧，水质易变坏，常产生大量有毒物质。生产上常采用增氧措施，采用充气泵、鼓风机或增氧机，以及微管充氧等方式。为改善水质，还需要经常换水。通常高温季节每 2～3 天换水 1 次，每次换水 20～30 厘米（占池水的 1/4～1/3）。水温 25～28℃的季节，每 7～10 天换水 1 次，保持池水溶氧在 4～5 毫克/升以上。其他化学成分指标应符合渔业水质标准要求。严防农药、化肥等污水入池。

4. 定期对池水消毒，加强日常管理

定期对成鳖养殖池水消毒，可预防和减少鳖病的发生。方法是每隔半月左右，交替泼洒生石灰和漂白粉，每亩（水深1米）用生石灰30～40千克、漂白粉（含有效氯30%）20～30千克。在养殖生产季节，要勤巡池，观察鳖的摄食、活动与生长情况。及时清除残饵污物，清洗和消毒食台，进行食场消毒，保持池水和周围环境卫生；监测水质，及时掌握水温变化，在盛夏高温季节应采取适当降温与防暑措施，如搭遮阳棚（占池水面积的1/5～1/3），或种植攀缘植物；定期检查与修护防逃设施；发现患病鳖及时隔离治疗，并建立养鳖档案和管理日志。

[成鳖越冬管理]

在常温养殖下，当晚秋水温降至15℃以下时，鳖开始进入冬眠。越冬前要做好秋后强化培育，适当增加动物内脏、鱼肉或螺蚌肉等动物性饵料比例，配合饲料应添加3%～5%植物油、2%～3%复合维生素，以利于鳖体内脂肪积蓄。

室外越冬池应避风向阳，池底软泥厚20厘米以上。选晴天将池水放浅，待鳖全部钻入泥中后，再将池水水位加深，稳定在1.5米以上。池水要有一定肥度，可在池内四周堆些有机肥，使之发酵产热，增加水温和肥度。保持周围环境安静，以免鳖受惊吓而频繁更换栖息位置，消耗能量，对冬眠不利。

科普三农 强农惠农

养殖系列

兽医系列

特种养殖系列

食用菌系列

蔬菜系列

经济作物中草药系列

果树系列

农村政策法规系列

创业指导系列

滴灌水肥一体化系列

现代农业经营管理系列

农博士答疑一万个为什么系列

特色农产品深加工系列

责任编辑：王绍昱

编辑部热线：
010-63581510
QQ 296984641

出版社官方微店

ISBN 978-7-5046-7923-9

9 787504 679239 >

定价：25.00 元

供电企业营销岗位工作手册

业扩报装

国网河南省电力公司　编